探险者发现之旅丛书

登上两极冰原

本书编写组◎编

探险者是地球的先行者，历史的揭幕人，他们通过变幻莫测、曲折离奇、险象环生的史诗般的探险历程为人类发展史描绘了一幅幅壮丽的画卷引人入胜的探险故事充满魅力的探险旅程成就了一部人类悲壮的地理探险史。

世界图书出版公司
广州·北京·上海·西安

图书在版编目（CIP）数据

登上两极冰原 /《登上两极冰原》编写组编 . — 广州：广东世界图书出版公司，2010. 2 （2024.2 重印）

ISBN 978 - 7 - 5100 - 1490 - 1

Ⅰ. ①登… Ⅱ. ①登… Ⅲ. ①南极 - 探险 - 青少年读物②北极 - 探险 - 青少年读物 Ⅳ. ①N816. 6 - 49

中国版本图书馆 CIP 数据核字（2010）第 030282 号

书　　名	登上两极冰原 DENGSHANG LIANGJI BINGYUAN
编　　者	《登上两极冰原》编写组
责任编辑	李翠英
装帧设计	三棵树设计工作组
出版发行	世界图书出版有限公司　世界图书出版广东有限公司
地　　址	广州市海珠区新港西路大江冲 25 号
邮　　编	510300
电　　话	020-84452179
网　　址	http://www.gdst.com.cn
邮　　箱	wpc_gdst@163.com
经　　销	新华书店
印　　刷	唐山富达印务有限公司
开　　本	787mm × 1092mm　1/16
印　　张	10
字　　数	120 千字
版　　次	2010 年 2 月第 1 版　2024 年 2 月第 10 次印刷
国际书号	ISBN　978-7-5100-1490-1
定　　价	48.00 元

前言

PREFACE

在科技非常落后的古代，人类的活动范围十分有限，这不但限制了人们的想象力，也限制了人们对我们的家园——地球的认识。古人凭直观感觉，认为天是圆的，地是方的，在天地的边缘，天与地相接。那里就是天之涯，地之极。

经过几千年的探索，人们已经认识到，所谓的天之涯并不存在，因为宇宙是无边无际的；而地之极却是真实存在的，这就是地球的南北极。

作为地之极，南北极人迹罕至，甚至连生命的痕迹都很少。人们对南北极的了解更是非常有限。毫不夸张地说，人们对宇宙空间的了解甚至都远比地之极了解的多得多！以致现在提到南北极的时候，人们仍然会将它们与神秘联系起来。

但从总体上来说，南北极已经在世人的探险和科考活动中逐渐褪去了神秘的面纱！而这一切都要归功于历史上的那些伟大先行者——探险家。他们怀着无比崇高的使命感，前赴后继地朝着在当时来说仍是未知之地的南北极进发了。

他们中有些人在付出了艰苦的努力之后成功了。成功者名垂千古，流芳百世。当然，也有一些人历尽艰辛，甚至在付出了生命的代价之后，依然失败了。失败者并不可耻，他们的荣光和探险精神永久地印在了世人的心中。南北极有许多以人名命名的山脉、海湾和岛屿，这些名称所包含的便是人们对先行者们的怀念与尊崇！

近年来，随着科技的日新月异，世界各国的科学家加强了对南北极的科学考察，并取得了辉煌的成就。不过，人们今日对南北极的探索已经不再是以探险为单纯的目的了，而是为了更好地开发、利用和保护它们。

不过，历史上那些伟大先行者们的事迹在今天仍有鲜明的时代意义。他们探险南北极的历程和伟大的探险的精神能够扩大我们的眼界，鼓舞我们的斗志，激励我们的精神，启迪我们的人生。为此我们编写了这本《登上两极冰原》。由于编者的知识水平有限，书中的错误和纰漏之处在所难免，希望广大读者谅解并批评指正。

Contents

目 录

挺进北极冰原

TINGJIN BEIJI BINGYUAN

在夏日晴朗的北方星空，北斗七星像一把勺子倒挂在半空。在勺子的底部两颗星的延长线上，有一颗中等亮度、单独存在的星，那便是人们极为关注的北极星。北极星的正下方便是常年被冰雪覆盖着的北极地区。北极的中心地区没有陆地，在冰雪之下是一片广阔的海洋，即北冰洋。不过，北极圈内倒是散布着一些岛屿，如世界第一大岛——格陵兰岛。

公元7—8世纪，北欧的海盗便把目光投向了北极地区。他们漂洋过海，历尽千辛万苦，先后发现了冰岛、格陵兰、北美的北极群岛等地。在此后的十多个世纪当中，人类一直没有停止对北极的探索。无数留下姓名和没有留下姓名的探险家们向着北极冰原步步紧逼，终于一点一点地揭开了这片地之极的神秘面纱。

在探险北极冰原的过程中，涌现出了一批批仍让人肃然起敬的英雄人物，如逼近北极点的挪威著名探险家南森，第一个登上北极点的美国探险家皮里尔，第一个只身征服北极的日本探险家植村直己等。他们不畏艰难困苦的探险精神永远激励着人们前行！

冰岛上最早的居民

北欧海岛与冰岛的发现

远古时代，希腊、罗马以及伊朗、印度等许多民族都就已经知道北极的存在，那里有漫长而酷冷的冬夜，终年冰天雪地，是白熊生活的世界。从那里航行归来的探险家告诉人们说，他们是靠着天上 7 颗亮星（北斗七星）的指示，才航行到“大熊国”的，所以人们又把这个在“大熊国”上空闪耀的星座叫做大熊星座。这里所说的“大熊国”，指的就是现在的北极地区。其位于地球之顶的北极，是除南极之外最寒冷的地方。北冰洋中部常年冻结，南部夏季融化，多浮冰和冰山，还有凛冽的暴风雪，险象环生。

美丽的斯堪的纳维亚曾是海盗的故乡

北极探险是从古希腊时代开始的。大约在公元前 325—前 320 年，古希腊人皮西亚斯的海上探险队曾勇敢地航行到冰岛和挪威北部的海面，首次越过北极圈。因此，人们称皮西亚斯为第一个极地探险家。

以后，人们对北极的探险活动也越来越频繁。在这些探险活动中，北欧海盗曾扮演了一个重要的角色。

日德兰半岛和斯堪的纳维亚半岛是诺曼人的故土。诺曼人的意思是指北方人。公元 8—9 世纪，他们仍处于氏族社会阶段，但氏族内部已分化出氏族贵族和军事贵族。诺曼人彪悍，不善农业，却擅长航海。他们的军事首领经常率领部落乘张帆快船向外掠夺，来去无踪，侵吞成性，因此在历史上被称为北欧海盗。

诺曼人的侵略以及把战利品带回斯堪的纳维亚半岛，并未使这个发端于贫瘠峡湾地区的民族生活有永久的改善，他们渴望寻找新的迁徙地以过安居乐业的日子。

挪威人纳特多德是北欧海盗中非常著名的一个。860年，他由于犯了杀人罪，无处安身，便约同几个伙伴干起了海上抢劫的行当。有一次，他们被巨大风暴刮得远离了航线。当风停云开之时，眼前出现了一片陆地。他们登上了海岸，满目是凄惨冷漠的原野和峥嵘荒凉的山峦。可怖的景象使他们非常震惊，于是便急急返回船上。这时天空飘起了鹅毛大雪，于是，他就给这个岛取名为雪岛。这就是后来的冰岛。

冰 岛

大约在相同的时间，瑞典人加达·斯拉瓦松也因为海上风暴被刮到了这片陆地。他登陆的地点在纳特多德登陆点以南的93千米的地方。但加达并没有立即返航，而是带着全船人员紧贴海岸向西南航行。他们绕过一堵极高的冰墙和一条延伸数英里的大冰川，来到了一个火山区。火山闪着红光，喷着浓烟，而在岸边的岩礁上，栖居着无数的海鸟。

渡 鸦

就在这片新土地的峭壁之上，加达搭了一个小棚子，度过了寒冷的冬天。第二年春天他们才驾船回乡。

纳特多德和加达的冒险经历，在诺曼人中间流传很广。一两年后，挪威人弗洛基·维尔格达松带着全家人连同家具、牲畜驶向雪岛，打算在雪岛定居下来。他在船的甲板上养了三只大渡鸦。他把这些渡鸦看做神鸟，想靠它们来指引航向。离开法罗群岛不久，他就放出了第一只渡鸦，渡鸦在空中盘旋了一圈，就笔直飞回法罗群岛。船又航行了几天，他放出了第二只渡鸦。它在天空转了几圈，又回到了船上。船继续向前，他放出了第三只渡鸦。这次，渡鸦毫不犹豫向西飞去。弗洛基紧随在它后面航行，这样他就来到了雪岛。从此，他便得了个渡鸦弗洛基的绰号。

冰岛国旗

渡鸦弗洛基进行过一次环岛航行，最后来到西北面的一个大海湾安顿下来，这个海湾后来被叫做布雷迪峡湾。海湾里有大量的鳟鱼、鳕鱼和海豹，海滩上长满了青草，为此，他养的牛长得膘肥体壮。弗洛基勤奋地打猎捕鱼，但由于他忘记了为牲口准备过冬的干草，所以当寒冬来临的时候，他的牛纷纷倒毙。第二年夏末，他只好启程回挪威，哪知途中却遇上了风暴，使他没法绕过南面的海峡。于是，他又停了下来，在一个破旧的茅舍里再次度过了一个寒冬。直到第三年，他才回到故乡。这时，他已一贫如洗了，出于对那个岛的诅咒，他把它改称为冰岛，这名字一直沿用至今。

移民冰岛的难兄难弟

在冰岛被发现之后，一些人开始从各地移居到这里生活。在冰岛的早期移民中，一对挪威兄弟非常出名。哥哥叫英高尔·阿拉森，弟弟叫约利夫·若特玛森。他们由于卷入一场世仇争斗，杀了人，被罚以重金，因此决定前往“渡鸦弗洛基”的传说之地。他们驾驶着一艘大船，顺利到达了冰岛，并在那里度过了一个冬天。返航时，他们都认为这片土地非常富饶，准备将来到此长期定居。

但他们所选择的冰岛，是一块荒瘠和肥沃对比非常悬殊的土地，只有海岸一带适于当时人居住，而内地则是赤裸的熔岩和寒冷的冰河，并不是移民的好地方。他们并没看清这一点，反而心里洋溢着幻想。兄弟俩作了分工：英高尔负责处理资金等事务，弟弟约利夫则到爱尔兰的北欧海盗聚居地购买奴隶。

等到第二年春天，他们做好一切准备之后，便驾着两条船来到了冰岛。为了选择合适的定居点，兄弟俩按照诺曼人古老的习俗，把刻有图案的木板扔到海里，由它在前面引路，船只紧紧跟随。如果木板在什么地方被搁住，那么那地方就是他们的新家园。

木板迅速向西漂去，兄弟俩各自驾着船尾随着航行。不久，驶在后面的弟弟约利夫不耐烦了，他只航行了 130 千米便上了岸，并盖起了房子——直到今天，这些房子的废墟仍然静悄悄地挺立在闪烁的碎石之中。春天来了，他辛勤地耕地播种。但他只有一头公牛，不够用，不得不让爱尔兰奴隶套上牛轭和牛一起拉犁。这些爱尔兰奴隶把这看做是奇耻大辱，他们偷偷把牛宰掉，并向约利夫谎报牛被棕熊吃掉了。约利夫信以为真，与同伴分头去寻找在冰岛根本不存在的棕熊。奴隶们在森林里把他杀了，然后回到营地，把财物洗劫一空，跳上船，逃到外围的小岛上躲了起来。

而此时，英高尔在一个暴风夜失去了跟随的目标，木板不见了。他驾着船到处寻找木板，碰巧来到了这儿，意外地发现倒毙在地上的弟弟约利夫。他找到了爱尔兰奴隶的藏身地，把他们全部杀了，随后继续寻觅那块木板。他来到了一道碧净的河湾。河湾的景观非常奇特，它像一条醒目的分界线，河的一边绿草如茵，而另一边却是毛骨悚然的熔岩荒滩。英高尔派出两个人去看看是否有木板。令人称奇的是，木板就停泊在这里。

雷克雅未克风光

这地方可能是冰岛上最为凄凉的地方，地面上盖满了火山灰，港湾里全是怪味的烟尘。面对此情此景，他们都感到十分悲伤，认为已经被神灵所抛弃。但英高尔相信这是神的旨意，他就在木板搁浅的海岸上盖起了房子，接着又在那里圈占了3430平方千米的土地，度过了他的余生。他打猎、种庄稼、养牲畜，后来繁衍了一个大家族。这个大家族成了冰岛的第一个朝代，也就是北极地区第一个朝代。而其最早居住的地方就是现在的冰岛共和国的首都——雷克雅未克。

知识点

“冰与火之岛”

冰岛位于北大西洋中部，北边紧贴北极圈，1/8被冰川覆盖，冰川面积占8000平方千米，海岸线长约4970千米。冰岛属寒温带海洋性气候，变化无常。因受北大西洋暖流影响，较同纬度的其他地方温和。夏季日照长，冬季日照极短。

冰岛有100多座火山，以“极圈火岛”之名著称，共有火山200～300座，有40～50座活火山。主要的火山有拉基火山、华纳达尔斯火山、海克拉火山与卡特拉火山等。由于多火山，冰岛的温泉也特别多，全岛约有250个碱性温泉，最大的温泉每秒可产生200升的泉水。正因为如此，所以冰岛素有“火山岛”、“冰封的土地”、“冰与火之岛”之称。

红胡子开拓格陵兰

“东开拓地”

1000年前，一位名叫冈贝伦的诺曼人乘船从挪威出发，他本来是想前往冰岛的，但被一场强风吹离了航线，无奈之下，只得向西前进。不久，冈贝伦看到一片陌生的土地，但那令人惊骇的洪荒景象吓着了他，所以并没有登陆。他掉头东返，几经周折才到了冰岛。

于是，关于那片未知土地的故事开始在冰岛人中间流传。不过前往那片土地的航程太危险了，冈贝伦所叙述的流冰和浓雾，冷却了他们的冒险热情。直到 80 年后，才有几个挪威人出于无奈才尝试前往那一片土地。

这一次航行是由一名北欧海盗船长率领的。由于他有一把火一般的红胡子，所以都称他为红胡子埃里克。他性格暴烈，在一场与当地富豪的械斗中杀了人，法庭便勒令他离开故土。

982 年，红胡子埃里克在海上漂泊，他向西直驶，终于见到了一块陆地。他沿着海岸转了一大圈，确定这是个巨大的岛屿，就登陆上岸，发现草原上散布着松树和柳树，那里夏天暖和，适于植物生长，而在浅湾和内港，可以看到生活在那里的海豹与鲸。他欣喜若狂，于是把该岛命名为格陵兰，意思是绿色的大地。

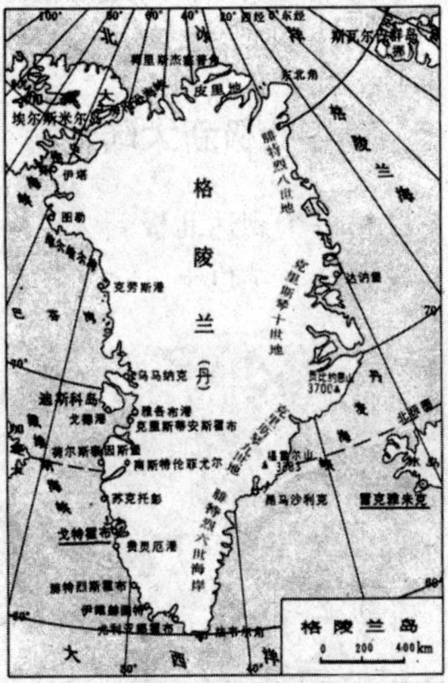

格陵兰岛地图

埃里克返回冰岛，到处讲述格陵兰岛的美丽富饶。到了 985 年，埃里克带了一队想要到格陵兰定居的移民到达了该地。

他们在岛上安了家，建起了许许多多 30 米长的房子和谷仓。这片居住地后来被称为“东开拓地”，也就是尤里亚尼合浦，当时成了一个相当繁华的地方，有 190 座农场和一些教会及修道院。埃里克顺理成章地成为“东开拓地”的首领。

不久，另一个移民团体也来到了格陵兰，但埃里克并不欢迎他们在此垦殖。他们只好沿着海岸继续往西走，最后在格特合浦峡湾建立了“西开拓地”。紧接着的每一个夏天，移民们不断地朝这两个开拓地拥来。这时，他们突然发现了一些不速之客，后者具有青铜色的皮肤，矮小而粗壮，操着完全不同的语言，这就是生活在北极地区的爱斯基摩人，显然他们才是格陵兰的最早居民。

格陵兰的北欧移民们很快与爱斯基摩人进行交易，他们以玉米和铁器换取爱斯基摩人的海象牙，换取白熊及海豹的皮毛。然而，交易经常引起争执，北欧人开始袭击爱斯基摩人。

在这以后的300年里，格陵兰岛上的16座教堂一直向罗马主教进贡。但到15世纪初，这种进贡突然间中断了，格陵兰殖民地也从此杳无音讯。其原因可能是当时全球气温逐渐降低，冰盖的面积越来越大，全部拓荒者因无法适应而死亡。但据考古学家的资料，在今天发现的拓荒者的遗骸上，明显有杀戮伤残的痕迹，因此他们很可能是在与爱斯基摩人的战争中灭绝，而饥寒仅是全体失踪的第二个原因。

首登北极新大陆

第一个到达北极新大陆——也就是北美洲在北极圈内的大地的是红胡子埃里克的儿子里夫。

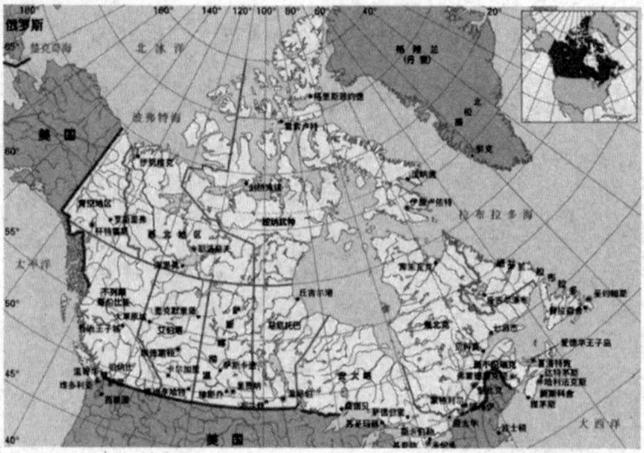

加拿大北部许多岛屿都在北极圈内

1001年的夏天，里夫的船在大海中遇上了风暴。咆哮的海浪涌上了甲板，海水一直淹到了水手们的腰部。里夫临危不惧，从容指挥，与水手们同舟共济，度过了险境。风暴渐渐平息下来，里夫抬头往远处看去，在视力所及的西边，他看到一条由北往南逶迤的海岸线。

陆地的出现并没有使里夫兴奋异常，反而不由得皱起眉头。因为眼前的这块陆地平坦低级，到处都是茂密的森林，既不可能是土层瘠薄的冰岛，也不可能是岩石赤裸的格陵兰。于是他认定，他发现的是块前所未闻的新大陆。

里夫登上了大陆的海岸后，把登陆点命名为维兰，并在那里盖了房子，度过了一个冬天。他计划在这里建立一个居民点，所以他返回格陵兰，准备招兵买马。但他回去之后，父亲埃里克死了。他只得接管父亲遗留的农场，从此结束了他的海上生涯。

里夫的弟弟索瓦尔德却决定迁居维兰，不过他极为谨慎，认为在正式迁居之前有必要实地察看一番。因此，他备了船只，带着水手循里夫的航线到了维兰。他在维兰里夫盖的房子里度过了第一个冬天。在春季和夏季，索瓦尔德对附近的海岸和内陆进行了一番考察。然而，他没有里夫那么幸运，他遇到了当地的土著，几个手势不合，便与他们发生了冲突。索瓦尔德被利箭射中，不久就死去。他的水手把他草草埋葬之后，萧瑟的秋天便来临了。水手们不得不在这里度过了极为凄惨的第二个冬天。来年，他们才回到格陵兰。

里夫的第二个弟弟李尔斯坦是个性格鲁莽的硬汉子，他决计要找回他二哥的遗体，就匆匆驾船出发了。但他的命运更加不济，一连串的风暴刮得他晕头转向，待到风平浪静，他却到了冰岛的东面。他又气又急，得了热病，不久便死了。

1003 年的秋天，冰岛人索芬恩·卡尔思夫尼来到了格陵兰。他是位商人，而且与红胡子埃里克的三个儿子非常熟悉。索芬恩得知李尔斯坦已不在人间，便娶了他的寡妻格里德。索芬恩也迷上了维兰，决定到那里去定居。

1004 年，索芬恩组织了一支远征队启程去维兰。这支远征队有 3 艘船 250 个人，包括一些家属，并且带了许多牲畜，漂洋过海驶向北极新大陆。

他们顺利到达了维兰，并在那里过冬。格里德为索芬恩生下了一个儿子，取名斯洛尔里，他是第一个诞生在美洲的北欧人。第二年春，他们向南行驶，来到了一个海湾。他们在那里发现了大量的野麦和藤蔓。沿着海滩，他们挖一些深坑，退潮时鱼儿便会留在坑中被捕获。森林里有数不尽的野生动物，他们猎取这些动物作为食物，每天都享受鲜美的野味，生活得愉快舒服。

一天，他们突然看到河面驶来许多又狭又长的独木舟，独木舟上全是面貌奇特、黄皮肤、黑头发、大眼睛、宽面庞的土著。这些土著看到金头发、蓝眼睛的北欧人也大吃一惊。双方对峙观察了一会儿，然后土著就划着独木舟走了。

第二年春天，这些自称斯克雷林人的土著又来了。他们带来了一些野兽的皮毛，想与北欧人交换闪闪发光的刀剑和长矛，但索芬恩拒绝了。接着土著看上了北欧人带去的红布，他们想用红布缠在头上使自己变得英武勇猛。交易开始时公正无欺，后来北欧人变得贪心了，他们把红布条剪成一指宽，但诚实的土著人依旧用等量的毛皮来交换。

有一次，双方正在交易，索芬恩饲养的几头牛突然大吼起来，吓得土著魂不附体，立刻跑回了独木舟。三个星期后，土著在一片呐喊声中杀了过来，接着就发生了武装冲突——杀声震天的土著和狂暴怒吼的北欧人之间的一场血战。

北欧海盗纪念碑

这些斯克雷林人尖叫着向北欧人进攻。在战斗中他们使用了一种莫名其妙、然而使人望而生畏的武器。这种武器是一根木棒上绑着一个黑色的圆球。圆球大约有绵羊肚子那么大，敲在头上时，会发出令人毛骨悚然的可怕声音。索芬恩和他手下的人都吓坏了，边打边撤，最后到了背临悬崖、无路可退的境地。这时，红胡子埃里克的私生女弗雷蒂斯挺身而出，扯开自己的上衣，披散头发，一边用剑在自己的胸脯上猛拍，一边尖声吼叫。看到这景象，已经胜利在望的斯克雷林人一下子愣住了，以为遇到了正在施展妖法的魔女，拔腿就逃，一会儿就跑得无影无踪了。

这以后，索芬恩不断遭受到斯克雷林人的骚扰。他们在美洲大陆勉强地挨过了2年，实在无法再住下去，最后终于驾船离开了新大陆。

知识点

爱斯基摩人与北极

早在欧洲人开始探寻北极之前，爱斯基摩人已经在北极地区繁衍生息了上万年。爱斯基摩人属于东部亚洲民族，与美洲印第安人不同之处在于具有更多的亚洲人的特征，他们与亚洲同时代的人有某些相同的文化特色，例如用火、驯犬及某些特殊仪式与医疗方法等。

大约在1万年前，因纽特人的祖先从亚洲渡过白令海峡到达美洲，或者是通过冰封的海峡陆桥到达的。所以，从尊重历史事实的角度来说，爱斯基摩人是北极地区最早的探险者。如今，他们依然生活在从西伯利亚、阿拉斯加到格陵兰的北极圈内外。

俄国人开进北极圈

遗恨白令岛

1725年，彼得大帝为绘制新疆土的地图，派出了大规模的探险队，以考察整个西伯利亚的北部海岸地区。但是俄国当时缺乏航海方面的人才和经验，彼得大帝就把这探险的重任交给了丹麦人维特斯·白令。

彼得大帝是个雄才大略的君主，他给白令规定的任务非常明确。其一是从欧洲越过西伯利亚平原到达太平洋沿岸的鄂霍次克，进行长达3000千米以上的内陆调查，其二是从鄂霍次克绕过堪察加半岛，在美洲大陆的沿岸登陆。

彼得大帝塑像

1725年整整一年，白令率领25名探险队员一直在西伯利亚的泥沼和森林里跋涉，在凛冽的暴风雪来临之前，他们总算如期到达了鄂霍次克。然而，彼得大帝允诺的探险船却迟迟没有到来。白令当时并不知道，就在他们启程后不久，彼得大帝已与世长辞，京城的显贵争权夺利，谁也顾不上白令的探险队了。

1727年夏天，白令等人终于盼到了一艘船。白令立刻决定试航，到堪察加半岛附近的海域进行探险。第二年暮春，他又获得了一艘船。于是他把上年经过锻炼的探险队员均分在两艘船上，沿堪察加半岛海岸向北航行。他们一直到达了阿纳德尔湾，并在圣劳伦斯岛上登陆，接着又从浮冰的夹缝中继续向北进发。在这年 8 月的一天，他们穿过一条狭隘的海峡，进入了北冰洋。但是此时，夏天已经接近尾声，海风变得十分地刺骨，海面一到夜间便结出一层薄冰。白令清楚，再向前航行意味着死亡，于是，他指挥船只掉头返回了鄂霍次克。

1729 年，白令再次出海。但这年的夏季来得迟却去得早。他的船队没开多远，便被成群的冰山挡了回去。白令原准备来年再作一次尝试，但探险队员久离故居，思乡心切。白令无奈，只得同意回圣彼得堡。

前后 5 年，白令虽然没能看到北美海岸，但他凭航海记录断定，亚洲和美洲并不相连。

安娜女皇

这时的俄国已是安娜女皇的统治时期，这位女君主下诏书要白令组织第二次探险。白令由于壮志未酬就慨然应诺了。

1734 年，白令再次来到了鄂霍次克，但是安娜女皇却朝令夕改，等她重新想起要给白令装备探险船时，已经是 1741 年了。

白令在鄂霍次克百无聊赖地空待了 6 年，现在他一下子获得了两艘探险船，大喜过望，立刻准备启程。该年的 6 月 4 日，他乘坐“圣彼得”号从锚地出发，紧随其后的是奇里科夫指挥的“圣保罗”号。

起初，湛蓝的海面上还是风平浪静，但是好景不长，当西边的堪察加海岸线刚刚从眼帘中消失的时候，海上狂风四起，恶浪滔天。

“圣彼得”号自顾不暇，奋力挣扎，好不容易脱离了险情，回首一望，却不见了“圣保罗”号的踪影。但是，白令并未因难而退，而是下令继续前进。最终于8月24日，浓雾散尽，他来到了一片陌生的海域，而在这片海域的东边，他看到了一条同样陌生的海岸线。

白令登上陆地，踏勘了沿岸的地形，并宣布该陆地为俄罗斯永久占有。他指挥船员建造越冬小屋，但马上又改变主意，决定火速返航，因为他在鄂霍次克采购的肉类已经存放了6年，带到船上时已经开始腐变，而由于仓促起航，蔬菜也准备得不足。而船员们长期吞食发黏的咸肉，已经出现败血症的先兆：牙龈出血，发烧乏力。白令的身体状况也很差，常感力不从心，在领航室里昏昏嗜睡。不过，他仍然没有忘记他的探险任务，凡是途经的每一个岛屿他都要停靠登陆，插上一面俄罗斯旗帜，以示领土的归属，同时伏案绘制地图。

白令的身体越来越衰弱。到了11月，海面虽然已经结了层冰凌，但他们对这一片海域算得上驾轻就熟，再说久违的堪察加半岛不久便能遥遥相望。船队继续前进。

深秋的风起了，波浪渐渐汹涌，白令却累了，早早地躺在床铺上睡着了。一阵巨大的震动把他惊醒了，接着他看到水柱从船底冒了上来。他立刻知道船触礁了，想披衣起床，但冰凉彻骨的海水使他倒下了。船员们把他从水里拖上来，又把他抱上一个小小的海岛。他浑身发抖，但依旧勉强地挺立在灰蒙蒙的曙色里，望着慢慢倾斜沉没的“圣彼得”号，喃喃地说，“沙皇彼得，我完成了您的任务，但我应该走得更远……”说完就倏忽倒下了，再也没有起来。

以白令命名的白令海峡

幸存的船员从冰里刨出石块，在高高的山冈上垒起一座坟墓，以寄托白令的梦想和遗恨。

船员们在岛上眼看走投无路，束手待毙，突然从雾里冒出一条船的侧影。原来是奇里科夫指挥的“圣保罗”号，他与白令失散后同样没有返航，而是独自航行，发现了阿留申群岛中的一些岛屿，此刻正走上归程。

后来的探险家，为了缅怀白令这位忠于职守的北极开拓者，命名他第一个指挥船只穿过的海峡为“白令海峡”，他五度驶行的那片海域称“白令海”，他所葬身的那个岛叫“白令岛”。

冰雪中的夫妻坟墓

安娜女皇除了派白令到东北极区探险外，还组织了一个北极考察队，由普隆契谢夫领队，目的在寻找北冰洋上的不冻港。

普隆契谢夫乘坐的是“雅库茨克”号，这是一条古老陈旧的双桅木帆船，载重量小，设备简陋。它本是条内陆河船，但为适应航海需要，在两侧加装了12对笨重的木桨，以备无风时使用。船上仅有的仪器是沙漏计时器和等高仪，可以说设备极其落后。

临行前，普隆契谢夫正在筹备婚事。但行程紧迫，匆匆举行了一个仪式就准备启程。而且由于新婚妻子的一再坚持，普隆契谢夫犹豫再三，还是答应了让妻子与自己同行。

1735年夏天，“雅库茨克”号从勒拿河上游的库尔茨克城出发。初航时一帆风顺，从库尔茨克城到勒拿河口1000多千米的行程中，两岸的景色非常的迷人。这让人感到这似乎不是在探险，而是在进行一次旅游。

但是，几十天后，船驶入大海，闲情雅趣便一扫而光。北冰洋无边无垠，成群的冰山不时地出现在他们的视野。普隆契谢夫指挥着船顺着强劲的东风，避开冰山向西驶去。当时来说，这是人类从未扬帆过的大洋，他们一边紧靠海岸行驶，一边测绘地图。这时，他们才发现欧亚大陆的北部海岸线在北冰洋中延伸得那么遥远而漫长。

转眼间，冬天便来临了。狂风咆哮、雪花漫天，巨浪拍击着甲板，整条船像裹了层冰的铠甲，有时浓雾障目，伸手不见五指，船只被迫停航。他们就这样走走停停，在离勒拿河口仅200千米之遥的奥列尼奥克河口抛锚停泊时，北冰洋已完全封冻了。无奈之下，他们只好就地过冬，坐等来年冰融雪化时再继续行进。

北极之夜长达 6 个月，终日不见太阳。他们住在爱斯基摩人遗弃的木屋里，昏暗、潮湿、寒冷，整天点着长明灯。屋外暴风雪在盘旋、呼啸，还不时传来野兽的嗥叫声。一阵大风刮来，小屋连同脚下的大地便战栗起来，连微弱的灯火也不安地闪烁不定。

带来的粮食吃完了，他们便去猎取海豹和驯鹿；为了御寒，他们用血腥的兽皮缝制衣服，蜡烛也用光了，他们便熬动物油脂照明。他们的生活极为艰苦，特别是由于长期吃不到蔬菜，普隆契谢夫和达吉亚娜都患上了坏血症，周身乏力，每一块肌肉和关节都在剧痛，齿龈肿胀，一嚼就出血不止。

半年总算熬过去了。当太阳再次从地平线上升起的时候，他们相互搀扶，跌跌撞撞地跑出小屋，喜悦之情溢于言表。

夏天来了，冰雪消融，河水流动，苔藓、地衣也向人们展示着自己的风采。成千上万只海鸟在悬崖上忙碌地筑巢产卵，海面上成群的海象在游动，浮冰上的白熊也跳进水里嬉戏，一切都显得生机勃勃。

探险队员们开始整装待发。但是，普隆契谢夫的两脚却不听使唤，他由同样颤巍巍的达吉亚娜艰难地搀着行走。

启程后，一路上发现的海岛越来越多，他们把岛屿一一标记在图上，便不停地航行。北冰洋依旧寒意浓浓，浪涛拍打船头，扬起的飞沫在甲板上结成了冰层。为了避免与冰山相撞，他们日夜派人在甲板上值班瞭望。

1 个月过去了，太梅尔半岛已经展现在眼前，按捺不住兴奋的心情的普隆契谢夫执意要上甲板值班，同去的还是他的妻子达吉亚娜。

当晚，虽然风平浪静，但天气奇寒。当船舱里的船员听到甲板上尖利的惨叫跑出去时，普隆契谢夫已经冻死在达吉亚娜的怀里。几天后，达吉亚娜由于极度哀痛，也随之忧郁而死。临死时她让领航员切留斯金把她和普隆契谢夫葬在一起，让他们生生死死都属于无情的冰雪。

探险队员悲痛万分，把船靠岸，按照达吉亚娜的愿望把他们夫妻俩合葬在一座坟墓。此时，继续向前航行已经不可能了，洋面上的浮冰越来越多，显然短暂的夏天已经结束，而北极的秋天只是昙花一现，接踵而至的将是又一个恐怖的冬季。代理队长几经权衡，决定原路返回。

以领航员命名的海角

切留斯金是“雅库茨克”号的领航员。本来他并不是一个非常果敢的人，但普隆契谢夫的以身殉职一下子将他内在的豪情激发了出来。在普隆契谢夫死后，“雅库茨克”号回到了俄国。之后的3年里，切留斯金将“雅库茨克”号整修一新，并做好了再次出航的准备。

1739年，“雅库茨克”号又重新起航，继续前人的未竟之业。由于切留斯金以剑相威胁，探险队新队长拉普帖夫终于同意仍让他任领航员。

不过，幸运之神这次依旧没有惠顾他们，出航不久，船就在夜间被浮冰撞出一个大洞。等他们修补好漏船，这年的夏天已逝去了。于是他们就选择了靠近太梅尔半岛的哈坦加河口作为越冬地点。

拉普帖夫和切留斯金原计划在1740年夏季到达叶尼塞河河口，从而勘测出欧亚大陆的最北点。但是当这年的夏季来临时，重重叠叠的浮冰使船只无法挣脱，随着一声轰鸣，船沉入了海底。探险队员急忙把各种物资运到浮冰上，这块浮冰居然奇迹般地靠上了太梅尔半岛的海岸。

虽然此次出航经历了一系列的挫折与失败，但是探险家们的意志依旧是那么的坚定。他们决定改从陆路向目的地进发。

1741年和1742年的两个春天，他们用狗拉雪橇走了6721千米，考察了整个太梅尔半岛。1742年5月9日，以切留斯金为首的一组人最先到达太梅尔半岛的“东北角”——欧亚大陆的最北点。

这就是后来人们所知的切留斯金角。

知识点

极昼与极夜

地球在围绕太阳旋转的时候，赤道平面并不和公转的轨道平面垂直，它们相交成23°26′的夹角。每年春分，太阳直射地球的赤道。然后地球渐渐移动，到了夏天，日光直射到北半球来。经过秋分，太阳再直射赤道。到了冬季，太阳又直射南半球去了。

在夏季这段时间，北极地区整天在日光照耀之下，不管地球怎样自转，北极都不会进入地球上未被阳光照到的暗半球内，一连几个月都能看见太阳。秋分以后，阳光直射到南半球去，北极进入了地球的暗半球里，漫漫长夜方才降临。在整个冬季，日光一直不能照到北极。所以北极半年是白昼（从春分到秋分），另半年是黑夜（从秋分到春分）。同样的道理，南极也是半年白昼，半年黑夜。只不过时间和北极正好相反。

富兰克林的神秘失踪

愿望落空的六年

约翰·富兰克林于1787年出生在英国林肯郡一个店主的家里。在他14岁的时候就离家投身皇家海军。1802年，由于他功绩显著，被破格授予海军上尉军衔。

探险家富兰克林像

参加海军以前，少年的富兰克林就非常爱听大人讲述充满了惊险和神奇的海上探险故事，常常为那里面的传奇式人物的英雄事迹所倾倒。渐渐地，在他幼小的心灵里，大海越来越富有吸引力，海上探险更是引起了他的无比兴趣。

在皇家海军的漫长岁月里，除了紧张的军事训练和作战，海上探险几乎成了富兰克林的第一爱好。1818年，他曾被委任为一艘探险船的指挥官，以考察北极冰山为目的，作了首次短暂的海上探险。

在富兰克林的探险生涯中，他的第二次海上探险大概是最成功和富有传奇色彩的。他在加拿大北极区考察了约1200海里的漫长海岸线，立下了卓著的功勋，因而在返回英格兰不久就被授予爵士称号。在那次探险中，一连串的灾难都曾降临到他头上：独木舟损坏了，不得不放弃船而步行，携带的食物吃完了，两名伙伴活活饿死……可是在那次灾难性的活动中，富兰克林又是大难不死。当地的印第安人在极地发现了他，在他们的救助和护理下，他那将饿死的孱弱身子竟奇迹般地得到康复。1822 年 7 月，他终于平安抵达加拿大哈得孙湾一家英国商行所属的一处驿站。

这年秋天，富兰克林回到英格兰，随即被提升为舰长。

1836 年，英国皇家地理学会在伦敦开会通过了一项决议：以学会的名义，请求海军部组织一支探险队，对推测中的西北航道作一次最后的探索。

西北航道地处北极区，由英国通往北美一带，如能通航，在战略上将有十分重要的意义。以前，一些北极探险队虽已绘制了大部分路线图，可这一次却是关系到到底能不能通航的最后的探索。

所以，消息一传出，立即受到英国探险界的热烈支持。从小就酷爱海洋探险、曾两次去北极考察、具有丰富经验的探险家富兰克林，更是按捺不住心头的激动，第二天一早就急忙赶到了皇家地理学会，要求参加这一工作。他表示，完成西北航道的探索，是自己最迫切的愿望。

但遗憾的是，他未能得到英国海军部的支持。1836 年的这次探险活动的指挥权，落到了一个名叫什乔治·贝克的人手里。富兰克林的愿望落空了。他被派往澳大利亚的塔斯马尼亚岛，在英国的这块小小的殖民地上当了总督，在那里整整待了 6 年。

神秘失踪

1843 年，富兰克林被召回国内。而恰在此时，因为 1836 年派出的贝克率领的探险队，几年来没有取得任何结果，海军部正在研究是否再派人去探寻西北航道的问题。于是，富兰克林乘机再次向海军部提出申请，希望能由他率领一支新的探险队，前往北极。

在一些有势力的朋友们的帮助下，这一次海军部终于答应了他的请求。想到长达 6 年之久的愿望今天得以实现，富兰克林激动万分，情不自禁地流下了热泪。的确，对于一个无比热爱海洋探险事业的人来说，没有什么比这更值得高兴的了！

富兰克林开始进行出发前的准备工作。为了适应北极的恶劣环境，他选用了2艘刚从南极海域回来的探险船——“黑暗”号和“恐怖”号，并亲自挑选了128名探险队员。他将较大的“黑暗”号作为旗舰，另委任弗朗西斯·克劳齐为“恐怖”号船长。他带领队员，模仿北极地区当地人的生活习惯，进行了系统地训练。还准备了些英国纯银和刻花水晶，一旦到了危难关头，可以用这些东西同当地人交换急需的物品。

1845年5月26日，富兰克林指挥着“黑暗”号和“恐怖”号从泰晤士河起航。这是一次具有历史意义的海上探险活动，它牵动着每个英国人的心，成千上万从各地来的人们聚集在码头上，目送着探险队徐徐远去。人们在胸前连连画着十字，喃喃地为他们祈祷，祝愿他们成功，希望他们能平安地返回！

但是，事实并没有人们预料得那样。2个月过后，在格陵兰附近海域，不幸的事情终于发生了。探险船队被一艘巨大的不知何时被人们遗弃的捕鲸船挡住了去路，随后便失去了与英国的一切联系。富兰克林北极探险队就这样莫名其妙地失踪了。

横贯伦敦的泰晤士河，
富兰克林就是从这里出发走向北极的

消息传开，人们顿时惊呆了。不过，由于在出航以前，富兰克林曾说过这次探险活动至少需要2年的时间，所以到后来尽管已经过去了12个月，探险队仍然杳无音信，而人们还是不相信真会有什么坏事情发生，甚至仍在等待着他们成功的消息。

2年的时间过去了，还是不见富兰克林探险队的踪影。一种不祥之兆悄悄降临到海军部里，人们这才开始惊慌起来。

1848 年春季刚到，海军部赶紧派出了 3 支规模较大的搜寻队，仔细搜寻失踪的富兰克林探险队。遗憾的是这三支搜寻队的搜寻活动，由于多种原因不久就都失败了。

悬赏与决心

1850 年，英国海军部发出悬赏：凡是发现富兰克林探险队踪迹的人，将可获得 1 万英镑的重金。不过虽然奖金丰厚，但要拿到却是一件不容易的事情。在悬赏令公布后的 1 年的时间里，有 141 名探险人员冒险去了北极，但没有一个人得到成功。

1854 年 3 月，眼看这笔赏金已是无人能领了，海军部这才不得不向全国发布富兰克林探险队全体官兵遇难的正式公告。可是，就在这以后不久，却传来了有关这支探险队的消息。

1854 年的 10 月，加拿大赫德湾公司约翰·雷博士的一封信寄到了海军部。信上写道："早在好几年以前，至少有 30 个白人死在一条河流附近，这条河大概就是人们常说的大鱼河。……我的这条重要消息是从佩利湾的爱斯基摩人那儿得来的，而他们又是从另一个爱斯基摩部落人中听来的。"为了证明这一事实，他还附上了几份从爱斯基摩人那儿搞来的书面材料，以及几片富兰克林头盔上的羽毛饰和银饰。

对于雷博士的报告和证据，海军部经过研究以后，认为是确实可信的。但由于当时克里米亚战争正打的热火，海军部没有太多的工夫去顾及这件事，因此也未能派出搜寻队按雷博士提供的线索去寻找这支已失踪多年的探险队。不过，到了 1855 年，雷博士还是得到了 1 万英镑的赏金。

当时，对雷博士得到奖金，社会各方面的看法不一，议论纷纷。多数人认为他提供的消息和证据是可信的，应该得这 1 万英镑；但也有不少人——包括富兰克林的遗孀在内，提出了一些不同的看法。

富兰克林太太指出："关于有 30 个白人死在大鱼河附近的消息，只是雷博士从别人那里听来的第二手材料，还不足以说明问题。而且，除了这 30 人以外，还有 3/4 的人又到什么地方去了呢？"她请求当时的英国首相组织一个调查队，再去找一找。可是，她的请求被首相拒绝了。

想到丈夫的命运，富兰克林太太悲痛欲绝，她决心无论如何也要弄个水落石出。她甚至考虑，如果政府仍持那种不了了之的态度，她就要自己筹措资金组织一支搜寻队。

不久，富兰克林太太果真买了一艘 177 吨的游船“狐狸”号，并进行了适应北极航行的改装。富兰克林太太的决心极大地震动了整个社会，人们纷纷援助她。海军部也为这种坚贞不渝的精神所感动，支援了她大量的海上探险所必需的物质。同时，海军部还答应她的请求，特许了利波·麦克林托克海军上尉的假，由他这个曾参加过第一次搜寻活动的舰长，来指挥这一次的搜寻活动。

就这样，1857 年 7 月 1 日，“狐狸”号终于起航出海了。

真相大白

1857 年“狐狸”号出海的时候，富兰克林探险队已经失踪 12 个年头了。当“狐狸”号行驶到格陵兰西部海岸附近时，给浮冰挡住了去路，只得随着海流漂流了大约 250 天。到了次年 4 月 26 日，漂流了 1385 海里的这艘小船才脱离险境，重新获得了自由。

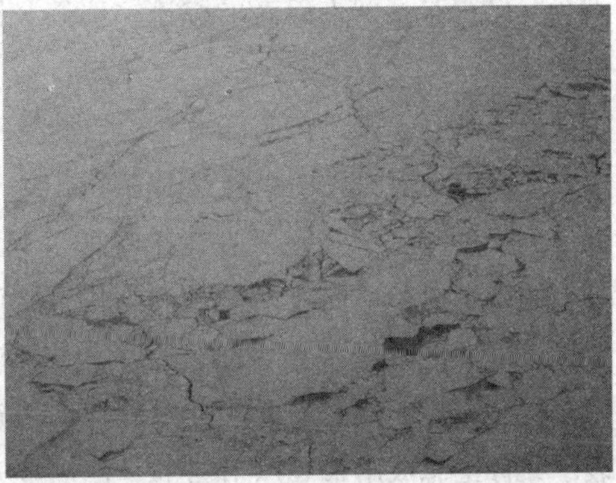

北极浮冰曾一度阻挡了“狐狸”号前进的道路

1858 年 7 月，“狐狸”号抵达兰开斯特海峡，然后继续向西推进。在到达一个名叫比切的小岛时，发现了富兰克林曾在这里过冬的踪迹，于是就在那里立了一块石碑，以纪念失踪的探险队的勇士们。

离开比切岛，他们又航行到布西亚湾东面的威廉岛。麦克林托克决定在这儿过冬，等到明年春天，即进行一次横越大陆的彻底探查。

苦苦熬过了一个寒冬之后，“狐狸”号终于迎来了 1859 年的春季。可是在威廉岛，依旧是寒风呼号，白茫茫一片冰雪。麦克林托克把队员分成 3 个小组，用雪橇在雪地上长途滑行。不久，到达维多利亚角附近的地方，遇到了一些爱斯基摩人，又从他们那里得到了一些“黑暗”号和“恐怖”号的遗物。爱斯基摩人告诉他们：“早在好几年前，有一艘船在威廉岛北部沿岸给冰雪压坏了，有人从船里跑了出来，朝着大鱼河方向走去，走了很远，最后就死在那儿了。”

4月里，麦克林托克再次遇见了爱斯基摩人，又听到了有关第二艘船的一些情况。据说也是被它的乘员抛弃的，爱斯基摩人后来把船上的东西都搞走了。一位爱斯基摩老妇人颤抖着嘴唇诉说了那些英国人朝大鱼河方向艰难行进的情景。她最后说：“当他们沿着岸边走了很长路程以后，终于躺倒了，再也起不来了。”

爱斯基摩人提供的重要情况，使麦克林托克非常激动，探险家们的英勇献身精神，激励着他继续向前搜寻。

5月份，麦克林托克率领部分队员来到了大鱼河地区，不过由于年代相隔太久，已很难找到失踪者的踪迹。他们又回到威廉岛，并在附近进行了大范围地搜寻。

谁知道有一天，在西部沿海，他们竟意外地找到了一具早已变白了的骷髅，上面还盖着一件碎烂的英国海军制服。这是富兰克林探险队的一名成员！再进一步搜寻，又发现埋在雪堆里的一只小艇，仔细一看，原来是“黑暗”号上的救生艇，里面有两具骷髅。救生艇搁在一架雪橇上，看样子他们是想上岸寻求援助时不幸倒下的。

与此同时，他们又发现了一堆圆锥形石堆，这在探险活动中通常是用作表示某种纪念或用来表示道路的。他们拨开石堆，看到里面藏有一个重新封了口的马口铁罐头。麦克林托克撬开一看，里面竟珍藏着一份完好无损的航海记录！从内容上看，这是富兰克林手下一个小分队军官留下来的。它用标准的英国海军报告形式书写，共有2份记录。其中第二份是字迹潦草地写着：

1848年4月25日。英舰“黑暗”号和“恐怖”号已于4月22日被5名看守队员遗弃了，这是自1846年12月12日以来最令人烦恼的事情。在弗朗西斯·克劳齐的领导下，现在共有105名官兵，处在北纬69°37′，西经98°41′的地方。约翰·富兰克林先生已于1847年6月11日死去。探险队中已死亡9

名军官和 15 名队员。

上校军官弗朗西斯·克劳齐

船长詹姆斯·菲茨詹姆斯

麦克林托克含着激动的泪水，念完了探险勇士们留下的这份最后的报告，全体搜寻队员不禁肃然起敬，行了庄严的军礼。

事实已经很清楚，富兰克林当初试图通过威廉岛西面的维多利亚海峡，由于碰到了巨大的浮冰，被困在这个地区。1847 年 6 月，他不幸死去。后来在长期的饥寒的折磨下，一些探险队员也相继捐躯。1848 年春季，也就是探险队写下第二份记录前，已经接替富兰克林职务的克劳齐上校作出了一个勉强的决定，离开“黑暗”号和“恐怖”号去大鱼河寻求紧急援助，特别是寻找食物。但一切都是徒劳的，他们什么也没找着，甚至连大本营——两条探险船也都被饥饿难忍的看守队员不得已地抛弃了。

1859 年 9 月，历时 2 年零 2 个月的搜寻活动宣告结束，麦克林托克率探险搜寻队胜利地回到了英国。这次他们的发现，成了轰动一时的重大新闻，被人们誉为历史上最伟大的一次搜寻失踪探险队的活动。由于贡献卓著，麦克林托克被授予了一系列荣誉，其中包括爵士地位及皇家地理学会的金质奖章。皇家地理学会同时还将这种金质奖章授予了富兰克林夫人。

折戟北冰洋的“珍妮特”号

“珍妮特”号出征北冰洋

1879 年 7 月 8 日，美国人乔治·德朗在纽约“先驱论坛报”老板戈登·贝内特 10 万美元的赞助下，率“珍妮特”号从太平洋西岸的旧金山启程，前往北极探险。

满怀豪情的德朗，对着他那年轻的新娘爱玛频频挥手，而爱玛也不断飘摇着手帕。在爱玛眼里，德朗就是几乎完美的人——充沛精力、坚强意志，并善于克服心理障碍。此刻爱玛心里想的全是德朗成功归来的情景，但是她没想到，这次告别竟成永诀。

经过1个多月的航行，“珍妮特”号穿越了白令海峡，进入了北极圈，这里自然条件的恶劣远远超出了德朗的想象，简直像是地狱之旅。船在楚科奇海向符兰格尔岛航行的途中，连连遭到流冰的袭击。眼看冬季将到，德朗想找块陆地越冬，但已由不得他了，流冰把“珍妮特”号团团围住，只能随流冰向西北漂去，无法自拔。

到了10月，太阳已很少露面了，暴风雪越刮越猛。该月的26日，挟持“珍妮特”号的巨大冰块发生剧烈地震动，船的前方出现一条条裂缝——这是冰层重新聚合的不祥之兆。德朗吩咐从船上拖出雪橇，并装上生活必需品，以备不测时所用。

11月11日夜，接连几天的冰裂，使眼前的景观发生了巨大的变化。几米高的“冰波”慢慢向“珍妮特”号挤来，船体咯吱乱响。在最危险的时候，德朗要船员都和衣而卧，他却独自在甲板上瞭望，稍有险情，便叫醒船员准备弃船逃生。大家被恐惧搅得心神不宁，筋疲力尽。他们都明白，“珍妮特”号和全船人的生命都可能在一瞬间消失。

不过幸运的是，在险境和惊悸之中苦熬了4个月，德朗探险队度过了黑暗的极夜，迎来了1880年的第一抹阳光。但船依旧被冰群挟持着漂流，到3月底，德朗用罗经测定方位，不禁大吃一惊，原来船又回到半年前所处的位置。他们历尽艰辛作出的所有努力，都已付之于东流！

极地的夏天来了，“珍妮特”号附近也开始有白熊出没。原来一片白皑皑的冰原融化出一洼洼碧净的海水“湖泊”。此情此景使德朗重新燃起了希望，他想借助夏天的风使“珍妮特”号冲出冰的重围。但是北极的夏季是软弱的，阳光稍微减弱，寒冷又使水结成冰，“珍妮特”号始终逃不出冰的怀抱。至此，船已在冰海中漂荡了1年，德朗向西北方向仅移动了250千米。

折戟北冰洋

随着这一年冬季的来临，“珍妮特”号又被浮冰推向南方。德朗虽然忧心如焚，却也无可奈何。进入11月，极地之夜又开始了，冰墙再次戏弄着“珍妮特”号。探险队员对冰层尖利的挤压声早已习以为常，不再惊恐。他们生活索然，只有天幕上的孤月与寒星和他们做伴。他们似乎也不再迫切希望看到陆地。花草树木都成为一个个抽象的词语出现在他们的脑子里。“珍妮特”号忽东忽西，忽南忽北，全都由不得探险队员。

又是漫长的等待之后，1881 年的春天终于来了，德朗的信心再次被激发。他举办了隆重的辞旧迎新晚会。探险队员中的印第安人跳起了粗犷的土风舞，德朗则对大家作了热情洋溢的新年致辞。他说，在这一年半里，“珍妮特”号一共漂流了 2500 千米，这事实本身就是一个奇迹般的纪录，“如果上帝愿意让我们漂流，那我们就继续漂流下去好了，总有一天我们会漂到我们要去的地方。”

3 月份，“珍妮特”号向北漂流的速度加快了。5 月 16 日晨，领航员琴巴尔像往常一样踏上甲板，意外地发现了远处的一个小岛，这是他们在冰海中漂泊了 20 多个月第一次看到的陆地。船员们在胸口画着十字，祈祷海面上刮起顺风，把他们吹向那个岛屿。德朗测定出岛屿位于北纬 74°47′，东经 159°20′。随后，德朗又把它命名为“珍妮特”岛。

但由于风向突然改变，船又转向西南。1 个星期后，他们又看到了一个不大的岛屿。德朗把那个岛屿命名为“根里耶特”岛。恰好，这个时候一向飘忽不定的流冰停住了，工程师曼维尔迅速放下一只小艇，奋力向岛屿划去。他们随身带着猎枪，希望能找到补充的食物。他们努力寻找了 7 天，仅带回一些岩石和苔藓标本，其他并无所获。

船上的生活早已使许多人病倒了，而此时又有几个队员因食用过期的罐头食品，中毒躺倒了。德朗一直在寻思改造风力发动机，却不慎被桨片击伤，留下了长达 10 厘米的创口，伤情严重。此时的“珍妮特”号与其说是探险船，不如称其为一所战地医院，到处都是面容憔悴的病号。

即使遭受如此大的挫折，德朗仍然坚持每天记着日记。那天晚上，当他正写日记的时候，船发出一阵似同喘息的震动声，他冲上甲板，看到他那一直被牢牢禁锢的船周围出现一道久违的波纹，接着波纹荡漾出一片开阔的水面，向南刮的风也开始缓缓吹来。他兴奋万分，庆幸船终于能脱离冰封。他满怀希望地想，这次他一定能使他的“热情完全消失”的队员走上返回家园之程。但是，水道两边的冰带像被魔手操纵似的，很快合拢，把不幸已极的“珍妮特”号更紧地夹住。这突然的变化，使船头变形，船板纷纷裂开。冰层继续挤来，船被高高抬起，倾斜了。德朗知道“珍妮特”号的最后时刻到来了。8 月 11 日晚 8 时，它终于被冰层挤碎，沉没了。

德朗遇难

这时，大部分食品和用品都已搬到流冰上。德朗有足够 32 人应用的装备：3 艘小艇、6 架雪橇、23 头狗以及供 2 个月吃的粮食。

他们告别了船体残骸，在冰原上休整了 1 个星期，接着便向正南的西伯利亚方向进发。6 月 18 日，即他们行走的第一天，就有 2 架雪橇折断了。那时正是夏季，是乘雪橇最不利的季节，到处都是裂隙，不时有人落入融雪坑中，而坚冰常常变成冰凌、冰障挡住他们的去路。

经过 10 多天的跋涉，德朗发现了一个可怕的事实，尽管他们以 6.4 千米/日的速度在冰上行进，但洋流、海流却把这个大冰块带到更远的地方去。结果，他们虽然向南走了十几天，而离西伯利亚的距离比当初还远 45 千米。

当他们向北极挺进时，冰块总把他们送到南方或原地不动；而当他们向南奔去之时，冰块却偏偏向北漂去。德朗感到命运已经抛弃了“珍妮特”号。但是，执意行动总要比坐以待毙好。德朗认为只要到这块大冰的边缘他们便能划舟南行。于是他下令继续向南前进。

北风意外地吹起来了，它似乎抵消了洋流，劳顿不堪的队员们愈来愈靠近南方。7 月 12 日，他们又看到了一座不知名的小岛，这是他们出航 2 年来第三次看到陆地。

7 月 26 日，他们终于到达这块大冰的边缘。但灾难依旧羁绊着他们。他们的其中一艘小艇不久便在海中倾覆，艇上的队员全部遇难。另一艘小艇在拉普帖夫海转悠了近 1 个月，最终平安到达西伯利亚的一个小村庄。而德朗乘坐的第三艘小艇在 9 月 17 日才在勒拿河口登陆，这些人都受到严重的冻伤，而且，只剩下 4 天的口粮了。但德朗还是保持着令人吃惊的纪律，他命令队伍继续向南前进。到 10 月 8 日，他们只剩下 13 个人，德朗也衰弱得迈不开脚步了。他集中了所有能吃的东西，让两名队员带着，尽可能向南寻求救援，余下的人留下等待。

那两名队员果然活着到达一家狩猎人的住屋。他们在神志不清、说话无条理的情况下被送到俄国人的一个村落。当地人立即派出搜索队伍，但未能找到困在冰雪中的那些人。直到第二年春天，人们才找到德朗的尸体，旁边摆着他精心保存的航海日志，上面完整记录着离开旧金山后的每一个事件，其中包括他们弃船后140天里的苦难遭遇。

德朗探险队虽然没有什么惊人的发现，只是找到3个无足轻重的小岛，但他成功地作了无与伦比的北极区探险的优秀记录，这记录持续到他生命的最后一刻——他以潦草得几乎难以辨认的笔迹写着："10月30日，星期天，离船第140天。博伊德和戈兹晚上死去。柯林斯正在死去。我也差不多了，想给爱玛写一个字……"

这个字他只写了一半，"LOVE"中的"LO"。这是在他整整2年的艰难漂流中，第一次于公文格式的记录中流露出他深藏的私人感情。

知识点

印第安人与新大陆探险

从欧洲中心论的角度出发，人们一直认为是哥伦布最早发现了美洲，并因此称美洲为新大陆。其实，早在哥伦布到达新大陆之前，印第安人已经在美洲生活了数万年。

印第安人分布于南北美洲各国，属蒙古人种美洲支系。考古学和人类学认为印第安人的祖先和中国人有着一样的体质，他们的祖先来自中国北方，大约是在4万年前从亚洲渡过白令海峡到达美洲的，或者是通过冰封的海峡陆桥过去的。因此，印第安人才是新大陆的最早发现者，也是新大陆上最早的探险者。

格里利悲壮的北极之旅

献给美国的厚礼

1881年，奥地利召集了不少科学家制订雄心勃勃的极地研究计划——"第一次国际地球极地年"。1882—1883年实施的该计划，一共派出了15支科学研究队伍，目的并不在于试图创纪录或到达极点，而是广泛收集远在极地的前哨基地的科学数据，在12个月期间对天气、气候变化以及其他具有地球物理意义的现象作详细记录。计划中特地强调了对洋流、海流现象地观察。世界各国34个固定的观测所也参加该项国际科学合作活动。

美国自然不甘落后，它派出了2支探险队，其中一支是由陆军领导的，它的队长是少校阿道弗斯·格里利。

格里利精明能干，在短时间里以罕见的效率把探险的准备工作做得至善至美，因此获得众口一词的好评。但陆军部忽略了一个事实：格里利的高效率往往是用粗暴的手段取得的。同时在为探险队命名时，格里利坚持要以自己的名字命名，这让陆军部大为恼火，但也无奈，因为阵前易将是不可能的，也就只得同意了他的要求。

1881年夏，格里利带着“格里利探险队”出发了。他们由一艘小船“海神”号运送到埃尔斯米尔岛北部的迪斯弗里港。这是“国际地球极地年”预定的观测站，它在15个科学站中处于最远最北的位置。探险队里有2名中尉、1名医生、10名中士、1名下士和9名士兵。为了适应极地的生活，“海神”号在途经格陵兰时招聘到2名爱斯基摩猎手。

营地一建立起来，“海神”号就急促返航，26名探险队员便与世隔绝了。

起初，他们在迪斯弗里港上生活得非常顺利。厚厚的板墙足以抵挡白熊的侵袭，屋子虽然不大，但温暖而舒适，为了消遣难熬的日子，营地建有小型的阅览室，里面有上千册图书。而且在夏季的那几个月，融冻的原野上还有奇花异草，附近的猎物也很丰富，不愁没有与众不同的野趣。

再说，他们更无生命之虞。他们知道美国政府为了保障他们的安全，制定了一个周密而详尽的计划：1882年夏会派一艘船去把他们接回来，即使该船因冰阻而不能如期到达，也无须恐慌，因为格里利探险队的粮食足够用2年，可等待1883年夏季的救助船。如果这第二艘船又未能达到基地，就会派出急救队从冰上去营救他们。

但是1881年的夏天没过去几天，基地就开始闹翻了天。格里利自以为得天独厚，动辄训人骂人，他甚至订了112条规定，处处维护他至高无上的权威。所以不久便有三个脾气暴躁的人与他分庭抗礼。这三个人一个是中尉，一个是中士，另一个就是队医。其他的队员有的袖手旁观，有的幸灾乐祸，有的则趁乱起哄，整个基地成了个到处嗡嗡响的马蜂窝。

基地勉强执行原计划中的观察任务，但这种状态使格里利感到十分气愤。1881年初冬的一天，他把全体队员召集到了一起，一改往日粗暴的语气，和颜悦色地说："1783年，我们美国争取到了独立，难道我们不应该在100年后的今天，替美国献上一份厚礼吗？"接着，他说出了他的目标："到达北极点，在那里插上美国的国旗。如果达不到这一点，也至少要打破以往的北极探险的纪录。现在的纪录就是我们100年前的敌人，英国人马卡姆创造的。弟兄们，为了美国的荣誉，你们有没有勇气？"

格里利精心选择的这席话，说得队员们热血沸腾。虽然大家明白，他们的行动与"国际地球极地年"的精神完全背离，但他们中间没有一个人表示异议，包括那个队医奥克塔夫·佩维，也放下表示蔑视的交叉的手，与队员们一起热烈鼓掌。

在探险队重新团结起来后不久，格里利决定向北进发了。经过苦难不堪的4个月的努力，他们到达北纬83°24′的位置，比1875年英国马卡姆的纪录向北超越了6.4千米。于是，他们热情洋溢地唱起雄壮的《星条旗》。

悲壮的南回之路

当他们返回到基地的时候已是1882年的夏天了，但计划中的船只并未抵达。第二个冬天又过去了，仍然没有救助队伍的消息。这时，沮丧气氛开始出现在基地上。

一心想独断专行的格里利没与任何人商量就心血来潮决定南撤。也许他当初向北创纪录的余威还在，队员们无一异辞地听从了。

1883年8月9日，这支26人的队伍乘坐着一艘汽艇和一艘捕鲸船式的救生艇拔营撤退。撤退时，全体队员的健康状况良好，他们又唱起《星条旗》，一路披雪踩冰，整个状态颇为不错。

不过很快，队伍又出现了分裂。以队医佩维为首的一群人开始指责格里利关于南撤的仓促决定，他们坚决要求进行一次自由论坛式的大辩论。格里利被迫同意了。于是，在冰凉的甲板上激烈地争吵了两天。格里利看出辩论的形势对他不利，便拔出手枪，宣布：以战地指挥官的身份，根据《战时法》中的“蛊惑人心罪”，逮捕佩维。虽然引起了大家的议论，但格里利的权威取得了胜利，佩维被捆绑起来，不过他受到了人道主义的待遇：双脚依旧可以随意走动。不久，他完全取得了自由，因为探险队出现了坏血症。

格里利带着队伍往322千米外的萨拜因角，那里设有补给品的储存处。

暴风雪不断袭击着他们的小艇，他们的口粮越来越少了，但萨拜因角已经触手可及。这时他确信，探险队已逢凶化吉，不会再存在过多的麻烦和内部骚扰。

但他对陆军部的期望过高。他没估计到行政官员所常具的漠不关心的秉性。虽然陆军部在两个夏天都派船只营救，并且向储存处运去了5万份口粮，但实际存放的不足1000份，其他的不是在“海神”号被冰块挤撞时失落，便是又带回美国了。

在难以忍受的8个月间，格里利探险队的全体队员拥挤在一艘倒置的救生艇下。他们在萨拜因角外的贝德福德皮姆岛上，每天像土拨鼠似地到处挖掘，希望找出粮食的储存地，但这只是更多地消耗了他们的体力。

格里利严格实行食品分配制度，在这方面他做到了身体力行，于是又获得了队员们的信赖。为了开辟能充饥的食物源，他派出两名爱斯基摩人出去打猎，但当天他们没有归来，几天后才发现他们冻僵的尸体。他们已经饥不择食了，到处寻找海藻、地衣、沙蚤来充饥。

在第三个冬天里，队医佩维也死了。队员们对他的死亡并不惋惜，也没感到有多大的损失，因为所有的药品早已用完。

到了1884年6月的第一个星期，活着的军官只剩下格里利1人了，其他的7人是1名军士及6名士兵。

一天早晨，格里利起来清点所剩无几的食品，突然发现少了好些，同时看到一名士兵的嘴边沾着些面包的碎屑。格里利勃然大怒，立即下令枪毙了那名士兵。而此时，最后的一个皮制品也被他们分来吃掉了。

就在格里利彻底绝望的时候，营救队总算来了。找到格里利探险队残存7人的是施莱船长，当时那7个人像刺猬般地蜷缩在那只倒置的救生艇下。他们的模样极为恐怖，个个面颊深凹，眼神狂乱，头发像堆海草。

施莱与格里利见面的情况更令人害怕。当施莱掀开一张筛子般的帐篷布时，他首先看见一个死人滞呆的眼睛，而那死人的对面跪伏着一个精怪似的人，胡须长乱，脸色发青，穿着一件脏秽、破烂的晨衣，头上戴了顶红色的室内便帽，但毫无反应。

不过还是有一个人开腔了，说："他就是格里利少校。"

最后，格里利也说话了。他说："我已经达到预定目标，就是为美国打破了人类以往的最好北极纪录。"

施莱哑然失笑了，他知道，这与"国际地球极地年"的目标完全无关。但是格里利返回美国之后依旧得到了北极英雄的待遇。

深入北极心脏的第一人

漂过北极的设想

南 森

佛里多约夫·南森，挪威人，1831 年出生在奥斯陆的一个中产阶级的家庭，其祖先是北欧海盗的一支。当"珍妮特"号在冰海折戟沉舟的时候，南森还是一名奥斯陆大学的学生；在格里利被冰原所围困，探险队在庆祝劫后余生的时候，南森已当上了卑尔根自然博物馆的副馆长。作为那个时代最伟大的北极探险家，南森的探险活动与其他人不同，他不怀任何商业及功利性目的，始终把着眼点放在科学研究方面。

在 1893 年正式踏上去北极点的征程之前，南森曾到格陵兰进行过一次徒步穿越全岛的长途旅行。他先乘船到该岛的东岸，然后乘雪橇向格陵兰西岸前进。在整整 1 年的时间里，他爬冰卧雪，风餐露宿，忍受着严寒酷冷，终于成为人类史上第一个用雪橇横穿格陵兰的人。格陵兰之行使他得到了一个切实的体验：若想北极探险成功，必须自立自足，不应等待外部的援助。

从格陵兰归国之后，南森立即着手拟定北极探险的计划。他很高兴他具备了在他以前探险家所不具备的许多知识，尤其是“第一次国际地球极地年”提供给他许多有关水文气象方面的数据。他对自己的计划充满了信心。

以南森命名的南森级护卫舰

而正在这时，南森被一条并不醒目的新闻吸引了：人们在格陵兰东部海区捞上了一条船的残骸，经鉴定，它正是5年前在西伯利亚东海岸被浮冰挤碎的“珍妮特”号。看到这个消息，南森兴奋异常。他认为，既然在东方遇难的船若干年后会在西方见到它的碎片，那么说明北极的冰层下面一定有一股海流。他联想到在格陵兰之行中的发现，当地人总是到海边捞取巨大的漂木作为建造船和雪橇的材料。这些漂木经一位植物学家鉴定，它们大都是西伯利亚的落叶松。他在格陵兰的另一个发现是：在海边流动的漂木中有不少属于爱斯基摩人射鸟武器一部分的木片。这些木片，与格陵兰人使用的木片不一样，完全是阿拉斯加爱斯基摩人的产品，上面嵌着那一带地区特有的石块。

激动不已的南森于是作了一个大胆的设想：北极区存在一股由东向西的海流，而这海流很可能会经过北极点。他一直幻想着征服北极点，现在简直可以不费吹灰之力便能达到，只需借助某块浮冰，然后由海流把他送到目的地。

南森的计划已经明确了：先乘船到西伯利亚海区，即“珍妮特”号遇难的地点，接着让船与浮冰冻结在一块儿，随着海流漂过北极，到达格陵兰东部海区。

当时，破冰船还未问世，如何设计一条适宜在冰海世界中航行的探险船成了一个关键的问题。为此，南森苦心钻研，设法使船体能经受巨大的压力，而形状却像瓜子壳一样，当冰层的压力达到一定程度时，船就被挤到冰块上面，而当压力减少时，船又可下降到水中。他设计并制作的船命名为“先锋”号，乘员 12 名，可装载足够 5 年用的燃料和食品。

在 1892 年伦敦的地理学年会上，兴致勃勃的南森把他的计划宣读出来后，立即遭到了他意想不到的嘲笑。人们或者认为这是自寻死路，或者认为是异想天开。但南森并没作补充答辩，便急匆匆回到挪威。

距北极点只有 600 千米

1893 年 6 月 24 日，“先锋”号从奥斯陆扬帆起航。船上有南森自己，船长奥托·斯菲尔德及其他 10 名精心挑选的队员。“先锋”号绕过挪威北端，向东西伯利亚海驶去。他们来到了勒拿河口的哈巴罗夫村。南森在这里买了 35 条拉雪橇的狗。8 月 4 日，他们驶离了这个寂静的极地村庄向着喀拉海北进。

不久，“先锋”号就被浮冰包围了，但它并未被冻住，而是继续向北方艰难地行驶，直到北纬 78°30′的地方船才停住。这里距北极点还有 1300 千米的路程。这时，漫长的极夜已经开始，气温急剧下降。南森已经和外界没有任何联系，眼前是漫漫风雪，茫茫暗夜，而耳边却是大自然的鬼哭狼嚎。每到晚餐的时候，他们围坐在船舱里，喝酒谈笑，烤鹿肉，生活得好像称心如意，其实每个人都惶恐不安，生怕“先锋”号会和“珍妮特”号一样被冰挤扁。

一天，南森等人正在进餐的时候，突然冰裂的巨大响声传来，响声一阵又一阵，隆隆不绝。他们都站着，静候着即将分晓的命运。他们感到自己的身体随着船体升高，最后凝然不动。他们跑上甲板，发现船已经被冰层抬起，稳稳地停在坚冰之上。南森悬挂着的心终于安然落下了。他当初的设计完全正确！现在“先锋”号已与冰固结在一起。他们现在所需做的，是熬住单调日子的孤寂，让海流把他们带到他们要去的地方。

但是，如此单调难耐的日子使得本来非常活跃的南森也禁不住感到苦闷。幸好，南森绝不是为探险而探险的探险家，他有他的科学事业。在日复一日的单调之中，科学始终忠实陪伴着他。他们随时随地观察风云变幻，测气温、冰温，判别冰块的漂流方向。

南森终于断定：冰和船的漂流方向和风的方向并不一致，而是总和风向呈 20°～40°偏角向右漂流，因此，这里确实存在着一条海流！他欣喜若狂，因为他有可能向北漂到北极点。但是遗憾和失望接踵而至。“先锋”号到了北纬 84°后，再也不移动半寸。虽然至此为止，还没有一条船能到达这么高的纬度。但是创纪录不是他们主要的兴奋点，他们需要的是到达北极点，在北极点作科学考察。

南森认为“先锋”号不会再向北漂流了，于是他作出了一个出人意料的决定：从这里到北极点只有 600 千米，坐雪橇仅需 50 天便能打个来回，由他和约翰逊来走完这个最后的路程。

两个人的北极之行

1895 年 3 月 14 日，船长斯菲尔德带着留守的人站在船边，目送南森和约翰逊远去。他们的眼里都噙着热泪，因为他们不知道，他们现在的频频挥手，是意味着生离还是死别？

在磁极附近，指南针几乎失去作用

起初的两三天，南森的行进还算顺利。27 条狗拉着 3 架雪橇，雪橇上载着 2 只小船和他俩，飞速向北极点挺进。但不久，困难就不断地出现。首先是道路的高低不平，到处都是冰缝冰裂，要不就是冰丘冰凌。有一次，当他寻思如何过一条深深的冰渊时，约翰逊不慎滑倒，掉进一个冰洞。南森花了整整一天的时间，才把他救了上来。在到达北纬 86°14′的位置，距离北极点只有 418 千米的时候，他们却再也无力向前跋涉了。

不过南森并没有放弃再作进一步地努力，他们又继续走了 2 天，才停住了脚步。他们商量一下，决定掉头往南，到附近的法兰士约瑟夫群岛去。但他们实在太累了，睡了一个深深的长觉之后，他们看到腕上的手表都停了，原来他们都忘了给表上发条。这个疏忽使他们的返程更为困难，使得他们不知道正确的时间，也无法计算自己所处的正确位置，由于他们又很接近北磁极，指南针几乎失去作用，所以根本到不了距离不足100千米的法兰士约瑟夫群岛。

他们在冰原上东逛西荡，找不到任何头绪，做了不少最终是枉费的努力。渐渐地，北极的春天来了，薄薄的冰上出现了小水塘，海中的冰也消失了，人、狗、雪橇都得靠艇来渡航。食物逐渐缺乏，饥饿的狗开始啃食任何能吃的东西，有一次，甚至把睡着的约翰逊的皮靴都啃出一个大洞。南森只好把衰弱的狗杀死，将它们的肉给其他狗当食物。

5月15日，约翰逊有点神情恍惚。但南森不动声色，到了晚间，他突然掏出一瓶酒，然后举杯祝贺约翰逊28岁的生日，同时用嘶哑的嗓子唱起《祝你生日快乐》。约翰逊为此感动得大哭起来。他没想到南森在这样困苦的场合还没忘记他的生日，也没想到他会藏着这最后一瓶酒。

到了6月9日，还在到处乱闯的他们，食品彻底吃完。南森只留下3条最强壮的狗，其余的一概杀掉做成肉干。接着天气也开始折磨这两个疲惫已极的人，大风带着雨夹雪漫天遍野袭来，南森的腰疼病又犯了，于是他们停下来休息。几天之后，他们明知道继续行走也是白费精力，但还是抱着侥幸之心迈动沉重的脚步。

海豹常被当成美食而被探险者所捕获

一天，约翰逊突然看到冰上有一只海豹，他不由分说就扑了上去，用牙咬，用刀子扎，杀死了它。做完这些后，他们止不住大笑起来，多少天来没见过成堆的鲜肉了。

8月7日，他们进入蔚蓝的海域。他们把两艘小艇连接在一起，撑起一面破帆，开始海上航行。在离开“先锋”号的122天那天里，他们看到了远处有一个岛屿。这天正好是万里晴空，海上刮的是微微的顺风，没多久，他们便登上了岸。

这是法兰士约瑟夫群岛最北端的一个小岛。快进入9月，夏天即将过去，要想回到“先锋”号是不可能的了，他们得寻找合适的地点，准备越冬。

他们在岛上转了一圈，在一个附近有绝壁的地方建造营地。绝壁挺高，可以挡风，也可以抵御自然的侵袭。周围有许多海鸥，而海豹、海象和鱼类也随处可见，那儿的确是一个不乏新鲜肉食的最佳驻扎场所。

他们的营地其实只是个洞穴，无非在洞穴之上覆了几层厚厚的海象皮。为了防水和防风，所有有缝隙的地方都用石块和苔藓来塞住。他们在洞穴里过了第三个可怕的冬天。他们每天轮流到外面去寻找食物，另一个负责留守修理洞穴。

获救回挪威

7个月后，也就是1896年5月19日，他们把小船拖入已经融化的大海，奋力向南划去。接着的两三个星期，灾难也接连不断。他们不仅要与浮冰周旋，还要防范海面上经常冒出的一些被漫长的寒冬饿慌的海兽。有一次，一头海象在他们还未反应过来时，便用大嘴撕走了船边的一块木板，冰凉的海水立刻涌了进来。这时幸好有块浮冰在附近，他们划到那里把漏洞补好，几天后，他们在一个岛屿上登陆。

海　象

这是他们第二次登上陆地，虽然非常兴奋，但是却发生了意外的情况：他们没把船绑好，船开始漂动了。约翰逊手足无措，只是发疯般地大叫。南森立刻脱掉衣服，跳进临近冰点的海水里。他的举动是以生命救生命——因为小船里有他们全部的生存资源，而身上却连一把小刀也没有，失去小船就等于失去生命。

南森真是命不该绝。他抓住了小船，跳了上去，并把船划了回来。

他们登上的是一个大岛。休息了几天，准备向南跋涉。6 月 16 日，正当他们在收拾行装的时候，一群海象从海边扑了上来。他们只来得及抢出最必需的东西，眼巴巴看着海象群把他们的小舟撕啃得粉碎。

第二天，他们进入了岛的内地。一夜的深睡使他们醒来时依旧晕晕乎乎。这时南森听到了一声狗叫，最初他以为是幻觉。接着他又听到一声，虽然很远，但十分清晰。南森慢慢站了起来，他们最后的 2 条狗早在 1 个月前就杀掉了。怎么现在还有狗声？南森痴呆了半晌，这才恍然大悟，附近有人！对，有狗就有人！

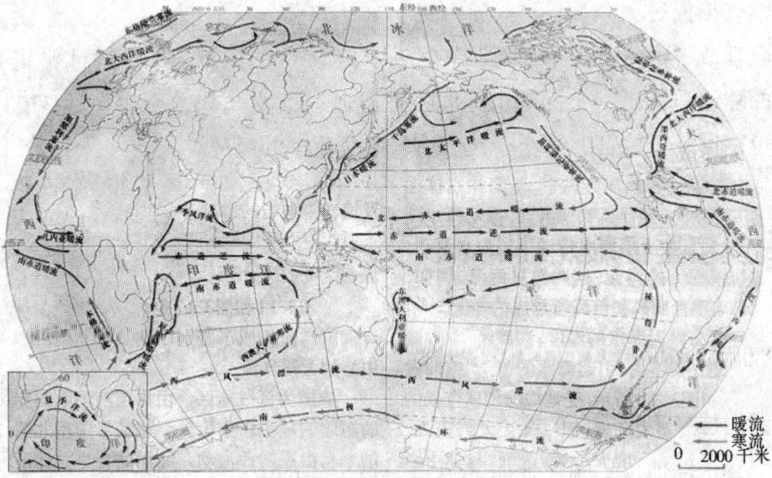

世界洋流分布图

“啊，我听到了人的叫声！”3 年间，南森第一次听到这么不熟悉的声音，他和约翰逊立刻抛下手中的东西，喘着气跑向冰丘的上头。接着他们在遥远的冰原中间，看到黑影在移动。

“那是一个人！”南森一边跑，一边挥动帽子。那人也一样，也不停地挥动帽子。

他们跑近了，这才确实听到了人类的声音，那人说的是英语。原来，那人是英国的探险家杰克逊。过了很久，南森才确信自己获救了。两人打招呼的情景十分感人，彼此都以为这一切都在梦中。

1个月后，接杰克逊回国的“维因多瓦”号来到了他们所在的岛边。1896年8月13日，南森踏上了他离别3年的故土。

南森的归国引起了挪威全国的轰动。更巧的是，南森和约翰逊回到挪威后只过了6天，1896年8月20日，“先锋”号在斯菲尔德的指挥下也安然无恙地返回这里。原来，“先锋”号一直在冰上等待着南森。但它缺少机动能力，只能随冰飘浮。该船曾出现于北极海域北纬85°55′的大西洋一边，那里距北极点仅454千米。后来，“先锋”号折向南方，朝斯匹次卑尔根群岛漂流，最后在该群岛北部用炸药破冰而出。这艘船在长达3年多的漫长航行中竟然没有损失过一个人，这是航海史上罕见的事。

南森成了深入北极心脏地区的第一人，多次的探测表明，北冰洋里并没有大的陆地，而是一个深深的海盆，而且越往北水越深，至少深达3700米。南森也是第一个验证北冰洋存在着由东向西流动的极地海流的人。

皮尔里征服北极点

“北极实习”

罗伯特·皮尔里，美国人，出生于1856年。虽然最初只是个普通的美国海军军官，但他很早就把征服北极点当做毕生的事业。当他还是一个见习军官时，他便大量阅读有关北极的书籍，并且从不间断锻炼身体，养成一种自我控制的习惯。为了实现自己攀登北极点的志愿，很早就开始了精心地准备。一方面，他贪婪地翻阅着一切有关北极的资料，反复研究前辈探险家的成功经验与失败的教训；另一方面，他不论是赤日炎炎的酷暑还是滴水成冰的隆冬，总是自找苦吃地磨炼自己的意志，坚持锻炼身体。他认定，要征服北极点，必须首先获得极地生活的经验，他毅然地选择了一条和南森一样的道路。南森曾把格陵兰当成他的实习基地。皮尔里当时也认为应该在格陵兰锤炼自己的身手和技能。

1886年，皮尔里30岁，他到了格陵兰进行他所谓的“北极实习”。他慷慨、豪爽，总是以平等友好的态度对待爱斯基摩人。皮尔里最早的落脚点是格陵兰西部，史密斯海峡东岸的一个爱斯基摩人的部落，这个部落集居在爱赫塔村。他一来就发现这里的土著正处于十分危急的饥荒之中。他立即想方设法搞来了许多食品支援那里的人。于是，爱斯基摩人对皮尔里由敬而远之变得亲密无间了。在史密斯海峡沿岸，皮尔里不仅认识每一个爱斯基摩人，而且还能叫出他们的名字来。皮尔里和爱斯基摩人成了莫逆之交，常常同他们一起建造独特的冰雪房屋，乘雪橇去狩猎。这个部落的爱斯基摩人从此把他当做亲人，而皮尔里也称这里为他的第二故乡。在这之后近20年的北极探险生涯中，皮尔里获得了他们从不间断的全力支持。

爱斯基摩人勤劳、勇敢而善良，以捕猎为生。他们吃的是海豹、驯鹿、麝牛等兽肉，穿的是兽皮缝制的皮衣裤，燃料和照明也是用动物油脂，住的是独特的冰雪房屋。爱斯基摩人有一种有趣的习俗：斗指力，两个男子以中指相勾，全力使对方失去平衡或松开手指，胜者不仅可以占有对方的猎物或工具等财产，而且还可以占有对方的妻子。

爱斯基摩人生活图

在爱斯基摩人的帮助下，皮尔里于1892年和1895年先后2次成功地横越了格陵兰的北部冰原。经过这两次试验，皮尔里已羽毛丰满，决定向北极进发。

皮尔里回到了美国。通过在格陵兰的长期“实习”，不仅取得了丰富的冰原生活经验，而且使他成为一个新型的极地探险家。以往的探险家，如亨利·哈得逊及约翰·戴维斯，都极害怕极地可怖的冬季，因此他们只敢在夏季乘船匆匆北进，秋来便惶惶撤退，即使是当时最著名的探险家爱德华·帕里，也只是在冬季挖个洞穴在里面过冬，然后等待春天到来后才开始活动。

皮尔里却背离了这个传统。他认定极地的冬天并不可怕，正是探险的最好季节——甚至比夏季更好。因为夏天冰层表面融化，道路坑洼不平，无法驾雪橇速行，而冬天则冰硬似铁，没有溶洞，也不怕落入冰间的海中。惟一可虑的是严寒，但他觉得这不是大的障碍，只需穿爱斯基摩人的服装和带上足够的食品便能克服。

首战失利

1898 年秋，皮尔里正式开始北极探险了，这是他第一次向北极点冲刺。临行前，他让妻子替他特地缝制了一面美国国旗，随身带着。他想象不久他便会把这面国旗插上北极点。

皮尔里乘“文德温德”号探险船满怀信心地驶入史密斯海峡，准备驶往北极中心海区。不料天公不作美，那年的浮冰空前密集而又硕大，船无法前进。皮尔里只好在德维尔岬过冬。在此期间，皮尔里建起了第一个补给站，并先后 4 次到离此约 150 海里的富兰克林湾去考察。

在最后一次去富兰克林湾探险的途中，皮尔里突然遭到暴风雨的袭击。他和老战友亨森、外科医生迪德利克以及 3 个爱斯基摩人只好躲进破旧的冰雪房屋中避难，逞凶肆虐的暴风雪一连刮了好几天，他们带的食物吃光了，只好忍痛杀掉心爱的北极犬充饥。有一天，暴风雪刚停，皮尔里单独一个人去考察富兰克林当年探险时留下的地窝棚，不料可怕的暴风雪又突然袭来，顿时天昏地暗，刮得他连眼睛都睁不开。皮尔里深知暴风雪的厉害，便拼力摸索着向避难所走去，结果迷路了。他整整转悠了 2 天，才找到了伙伴们。

这次探险的代价太大了，皮尔里的双脚严重冻伤，不得不切掉 7 个坏死了的脚趾。这给他以后的探险和生活带来了许多困难和麻烦。

怎么办？尚未正式出征就成了残废，是中止探险活动还是继续干下去？皮尔里毅然选择了后者。冻伤刚好一点，他就步履艰难地向北挺进了。两脚不听使唤，疼痛无情地折磨着皮尔里，他常常摔倒，身体也虚弱不堪，伙伴们只好把他扶上雪橇，送回“文德温德”号船上，劝说他放弃北极探险的计划。皮尔里却坚决不同意，他表示只要一息尚存，就决不停止向北极冲锋！

1899 年秋，“文德温德”号拉响了归国的汽笛，皮尔里却让亨森扶他走下舷梯。他留了下来。船上的船员离岸很远，还看到他站在岸边，那只右手莫名其妙总是揣在怀里。亨森知道，皮尔里摸着的是他妻子缝制的那面国旗。

皮尔里觉得自己无颜回美国，他想到了他的第二故乡。它虽然在极地，但会比南方的故国给他更多的温暖。

果然，他的到来，使爱赫塔村的爱斯基摩人欣喜欲狂，整个小村洋溢出盛大的节日气氛。这些质朴的土著居民的热情接待，抚平了他心头的创伤。

离北极点最近的人

极地的冬季一结束，皮尔里和亨森就要去北方，爱赫塔村派了 5 个爱斯基摩人与他们同往。翌年，他们乘雪橇到达了格陵兰的最北端，并发现了一块新陆地，即现在的皮尔里地。当他们行进到北纬 83°30′时，前面出现了冰群连绵的大海，雪橇再也无法前进。于是他们返回爱赫塔村。

1901 年春，皮尔里再度出发，再度因失败而折回。

1902 年春，皮尔里离开史密斯海峡来到了赫克尔岬。4 月 21 日，他已挺进到北纬 84°17′。这里冰窟窿四布，冰块之间海水汹涌，他只好返回。8 月间，“文德温德”号由美国驶来，皮尔里随船回到美国，恢复一下疲劳的身体。

皮尔里回到了美国的家里。他的妻子煎着他爱吃的牛肉馅饼迎接了他，但她的脸上并没有更多的欣喜表情。

皮尔里感到非常吃惊。他在北极已经度过了整整 5 个冬天，他没想到妻子会这样对待他。但他疲劳到了极点，于是掏出一直带在身上的国旗，想休息了。哪知他妻子对他说：如果你想在家中睡觉的话，那你得永远不忘记这面国旗。他感动了，他知道妻子对他的期望，而妻子的鼓励使他那颗被苦难冷落的心再一次燃起不甘寂寞的火焰。

不久，有一个更加鼓动人心的消息传来了。北极探险的英雄南森来美国访问，当时美国的第 26 届总统西奥多·罗斯福接待了南森。席间，罗斯福问南森：“担任美国北极探险队队长的最佳人选该是谁？”

南森毫不犹豫地回答：“罗伯特·皮尔里。”

历史给了皮尔里东山再起的机会，他闻讯后立即组织了北极俱乐部，争取美国政府的支援，并且用他残缺的脚八方奔波，寻求企业集团的资助。

1905 年，皮尔里乘坐特地为他设计制造的“罗斯福”号探险船驶进了史密斯海峡。皮尔里不是科学家，他与南森不同，对科学考察毫不关心。他是以海军军官的身份探险的，他的目的只有一个，就是征服北极点。至于他对风闻的阿蒙森要打开西北通道的探险，更认为是无聊之举，既无商业价值，也无军事意义。

由于所遇到的冰群很少，“罗斯福”号顺利到达了基地。1906 年 4 月 2 日，皮尔里率领探险队向北极进发了。皮尔里的雪橇每天行驶 55 千米，他心里相当高兴，按这样的速度用不了多久便能到达北极点。但是半个月后，一条开阔的冰间河流挡住了他们的去路，皮尔里一行整整等了 6 天，河上才冻起了一座冰桥。他们刚刚走过冰桥，又突然遭到了暴风雨的袭击。在这一望无际的平坦冰原上，他们无处躲藏，只好互相挽起手来和风暴搏斗。

暴风雪刮了 10 天，总算停了，皮尔里外出一看，眼前的景观完全变了，前方途中到处是冰块雪堆，但他依旧下令前进。第一天他们拼尽全力只走了 8 千米，第二天只走了 6 千米。这时皮尔里心里清楚。以这样的速度前进，所携带的食品不可能支持他们到达北极点，他的这次以北极点为目标的探险已无疑失败了。

沮丧的心情又一次笼罩着皮尔里。但他的忠实的黑人朋友亨森悄悄对他说。“你该对北极俱乐部有个交代。”

亨森是对的。皮尔里醒悟了。是得有个交代，要对得起资助他大量钱财的北极俱乐部，他得拿出某种说得过去的成就。皮尔里放弃了征服北极点的计划，转向全力突破北进的新纪录。

皮尔里决定其他探险队员立即返回营地，而他与亨森以及 2 个爱斯基摩人组成小分队，乘坐雪橇，轻装挺进。皮尔里实现了目标。4 月 29 日，他们到达了北纬 87°06′的位置，离北极点仅 320 千米。就这样过了 10 年，南森的纪录为皮尔里所刷新了。

这一次，皮尔里虽然没有到达北极。但他已成为到达北极中心地区最近的人了。好心的人们劝这位年已半百的探险家坐享盛誉，不要再去冒险了。皮尔里却壮心不已，又开始了更加缜密的准备工作。

北极点的上星条旗

1908年6月6日，“罗斯福”号在纽约港鸣响汽笛。码头上人山人海，旗帜飘扬，歌声震天。在欢送仪式上，那位连任的总统西奥多·罗斯福亲自致辞，发表了热情洋溢的讲话。

皮尔里笔挺地站在船头上，花白的胡子上面是张视死如归的脸。他清楚地知道：这次如不成功就会永远失败了。

他的这次出征确实不同以往，物资装备十分充裕。探险队的21人全经他严格挑选。他几乎剔除了上次探险的全部队员，因为他们曾对他的作风提出过异议。他留下了他的黑人老战友亨森，二十几年来，亨森一直与他患难与共，忠诚可靠。他让英国人鲍伯·巴特利特担任“罗斯福”号的船长。这人精明能干，有丰富的极区航行经验，而且既吃苦耐劳又沉默寡言。

“罗斯福”号再次抵达爱赫塔村。村里的爱斯基摩人一如既往、欢天喜地地迎接了皮尔里。对他们来说，皮尔里是他们所敬重的朋友，但也是对他们要求太多的朋友。在皮尔里漫长的极地探险生涯中，这些他第二故乡的乡亲们对他简直是有求必应。他们以他们独特的、异乎寻常的忍耐力，默默无闻而又忠贞不二地陪伴皮尔里走遍万里雪原，去实现皮尔里的那个本与他们毫不相关的征服北极点的目标。为此他们甚至不惜牺牲自己的生命。

这次也是同样，他们给皮尔里供应雪橇及狗，给他的那些探险队员缝制特别能御寒的毛皮衣服，最后他们又站在皮尔里面前，由他在他们中间挑选最强健的人。这些强健的人在行将开始的艰险征途中，担任驾雪橇员、猎手和开路先锋。皮尔里挑选了49个爱斯基摩人加入探险队，带上246只训练有素的北极犬，补充了150吨鲸肉和海豹肉。9月5日，“罗斯福”号驶抵离北极只有500海里的谢里登角。第二天，船被严严实实地冰封在港湾里了。

翌年2月22日，皮尔里留下一些人员，组成3个梯队向最后一个出击点——哥伦比亚角前进。前2个梯队打前站，负责探路、修建房屋，好使皮尔里亲自指挥的第三梯队保持旺盛的精力向北极点发起冲击。

3月1日，皮尔里又把一些人员遣回基地。4月1日，巴特利特船长带领最后一批人马撤回基地，参加最后冲锋的只有皮尔里、亨森和3个爱斯基摩人。

当时，突击队离北极点还有 133 海里。在他们前进的路上，他们遇到了一个巨大的冰障，它犬牙交错，高低不平，无法通行。怎么办？凿冰开路！皮尔里带头抡起十字镐凿冰，其他人也都跟着干了起来。费了九牛二虎之力，他们总算开出了一条路，连推带拉地把雪橇运过冰障。不料没走多远，他们又被一条冰间河流挡住了去路。一个爱斯基摩人想出了个新奇的办法：凿冰为筏，他们就地取材，凿下一块巨大的冰块，用它把人员和雪橇运到彼岸。

4 月 5 日，皮尔里已到达北纬 89°25′处，离北极点只有 5 海里。在一处冰间河流中，皮尔里放下一根长达 2752 米的绳子测探，结果还是没探到底。

快到北极点了，他们是多么高兴啊。可此时他们的体力消耗太大了，两条腿仿佛有千斤重，一步也迈不动了；眼皮也在不停地“打架”。到 4 月 6 日上午 10 点，他们连滚带爬地才走了 2 海里多，就连北极犬也爬不动了。皮尔里见状，便果断地下令休息，就地造屋，吃饭，又美美地睡了几个小时。

六分仪是古代探险家常用的一种仪器

待稍微恢复了体力之后，皮尔里一行勇敢地冲向北极点。又走了 2 海里之后，皮尔里觉得应该到北极点了，便拿出六分仪测定方位。这正是终点，他们终于站在北极点上了！

此刻，人类首次登上北极点的英雄们个个热泪盈眶，欣喜若狂，欢呼声响彻云霄，唤醒了沉睡的北极冰原。接着，他们举行了隆重的庆祝仪式，手持美国星条旗、海军联盟旗、队旗、和平旗和红十字旗拍照留念，然后他们又一次互相握手、拥抱，以示祝贺。

皮尔里的北极探险以无可辩驳的事实证明：从格陵兰到北极不存在任何陆地，整个北极都是一片坚冰覆盖着的汪洋大海；浮冰的漂流方向是由西向东；由于潮汐和洋流作用，北极中心地带存在着许多窟窿和冰间河流。

皮尔里在极地点考察、休息了 10 个小时后，于 4 月 7 日下午 4 点踏上了归程。经过 53 天的长途跋涉，皮尔里一行已返回哥伦比亚角。不久，他们就又登上了“罗斯福”号。这时，皮尔里才知道巴特利特船长在返回时掉入冰窟窿，不幸牺牲了。皮尔里和队员们十分悲痛，面向北方默默致哀，怀念他们的忠实伙伴。

皮尔里后来说：“我是有些后悔的。当初如果他与我一起，也许不会有这样的结局。可以说，是我害了他，但是为了美国的荣誉，我没有别的选择。”

节外生枝

皮尔里尚未返回美国，就听到了一个使他震惊的消息：1 年前，美国的另一名著名探险家弗雷德里克 · 科克已经到达了北极点！这一消息犹如晴天霹雳，使皮尔里顿时头晕目眩，他不禁自言自语：“这难道是真的！”

弗雷德里克 · 科克曾是皮尔里的老同事。和皮尔里一样，他的童年也是在艰苦中度过的。他从小就立志干一番事业。他以艰苦的劳动积攒了进入医科学校必需的学费。他工作以后，对研究北极圈的书籍发生了浓厚的兴趣。后来，他便决心参加彼利组织的第二次北极考察队，他在那里当一名医生，同时还研究人种学。他和皮尔里在格陵兰北部待了一个冬天（1891—1892 年）。由于他对工作一丝不苟，给皮尔里留下了很好的印象。

1907 年，科克说服了一个有钱朋友资助他对北极进行一次考察。他在到达格陵兰岛的图勒以后，于 1908 年 2 月带领考察队向阿克塞耳——海伯格岛的最北端前进。1908 年 3 月 18 日，科克医生精简了队伍，只留下 2 个爱斯基摩人、2 副雪橇和 20 条狗。就这样，他开始向距离出发点 960 千米的北极进发。他一共走了 35 天，于 1908 年 4 月 21 日到达了目的地。

科克一行经过 12 个月，直到 1909 年的春天，才回到格陵兰。为了保证安全，科克将一批航海仪器和日记留在图勒。他打算以后再把这些东西带回美国。他乘雪橇走了 1200 千米，到了乌佩尼维克，然后经海上到丹麦。途中，他从设得兰群岛一个港口发了一份电报给《纽约先驱报》，日期是 1909 年 9 月 1 日。

皮尔里回国之后，马上找科克澄清事实，双方都说自己是世界上第一个登上北极点的人，皮尔里指责科克以杜撰来欺骗世人，科克则回击皮尔里诬陷好人。两人争论不休，各执一词。

为了弄清到底谁是第一个登上北极点的，有关当局让皮尔里和科克拿出各自的考察资料，请专家们鉴定。但科克推说他在返回途中把大部分资料都丢失了，人们只好到史密斯海峡去找爱斯基摩人调查。曾跟科克一起去北极探险的爱斯基摩人说，他们到达了离间克塞尔伯格岛不远的一个地方，那里离极点还有900千米之远。人们拿出科克所著书中的照片，他们一致认定照片上的地方就是那里。

新的说法

由于科克所提供的材料不足以证明他是第一个涉足北极的人，这样一来，报界和社会舆论都不再站在他这一边了。科克怀着抑郁的心情离开了美国。

随着科克的失败，皮尔里的地位得到了巩固。他向地理学会提供了自己的考察记录和各种仪器。地理学会作出了支持皮尔里的结论。从此，皮尔里被公认为世界上最先登上北极点的人。12个国家先后授予他荣誉奖状。皮尔里的一些支持者还筹划了一次会议，通过一项特别法案，认证皮尔里确实到过北极。

与皮尔里的无限风光相比，科克在他生命的最后几年，已是威信扫地，他的名字甚至变得与登上北极点一事毫不相干了。然而，若干年过去之后，研究北极圈的专家开始越来越倾向于“科克是最先发现北极的人”的结论。原来事情是这样的：科克在1908年的极地探险报告中首先发现的许多现象，已被当前对北极点研究的结果和从飞机及卫星上拍摄的照片所证实。

比如，科克曾经描述过，在极地厚积冰层中积冰呈分层状。当时，他自己也没有意识到，他发现了众多“冰岛”中的一个。这些“冰岛”位于埃尔斯米尔岛的大陆架上。航空摄影表明，这些“冰岛”缓慢地按顺时针方向漂浮，其范围恰恰就在科克当年去北极经过的地方。除此以外，科克描绘的北极，没有一寸土地，而只是一片处于永恒运动中的浮冰群。现在，终于真相大白，他那朴实的，然而在当时看来又是极其大胆的描述完全与事实相符。

北极浮冰群

科克在制定考察路线的时候，就注意到极地浮冰群的方向问题。这个问题是过去考察格陵兰以北地区的专家们提出的。当然，这些考察后来都以失败而告终了。当时，他们还不知道，在科克经过的地带，极地浮冰群是向西漂浮的。结果，这些浮冰群把科克带到了他预定登陆点以西 150 千米的地方。这样，他偶然发现了海洋学上的一种现象。现在，这一现象被称为“西冰流”。

虽然，科克首先描述的一些自然现象至今还未被完全证实，但是许多科学家已经认为，这些重要的结论足以说明科克是北极点的最先发现者。而科克的信徒们心里想的，主要不是为了确认一个科学真理，而是为了推倒美国国内对科克不公正的评价。他们力图使科克在科学上的功绩获得正式承认。

知识点

经纬度

经纬度是经度与纬度的合称，组成一个坐标系统，又称为地理坐标系统。它是人们利用三度空间的球面来定义地球上空间的一个假设球面坐标系统，能够标示地球上的任何一个位置。

经线也称子午线，地球表面连接南北两极的大圆线上的半圆弧。任两根经线的长度相等，相交于南北两极点。每一根经线都有其相对应的数值，称为经度。经线指示南北方向。不同的经线具有不同的地方时。偏东的地方时比较早，偏西的地方时迟。

纬线是地球表面某点随地球自转所形成的轨迹。任何一根纬线都是圆形而且两两平行。纬线的长度是赤道的周长乘以纬线的纬度的余弦，所以赤道最长，离赤道越远的纬线，周长越短，到了两极就缩为0。纬线指示东西方向。

北极上空的气球探险

奇思妙想

几个世纪以来，除了规模较大的有组织的探险队以外，还有不少“散兵游勇”以各种途径前往极地。他们没有明显的旗帜，也不作大肆地声张，他们大都是些默默无闻的人，他们不是为生计，而纯粹是出于兴趣，踏上了极地的险恶的征途。苏罗门·安德森就是其中的一位。

安德森于1854年生于瑞典的格拉那。早在中学时代他就对航空发生了浓厚的兴趣。后来他在美国留学期间，又认真学习了气球飞行的知识。回国后，他在皇家专利局工作，很快就被提升为工程师。不过，安德森却认为，专利局的工作不过是为了生计，并非他的事业。他的事业是去北极探险。北极，这个荒凉神秘的地方，与许多有关地理学、气象学、海洋学、生物学、天文学的问题紧密相连。可当时人们对北极了解甚少，甚至还不清楚它到底是陆地还是海洋。

在19世纪，西方列强都希望北极是海洋，因为这样一来就能找到一条连接太平洋和大西洋的航线，从而大大缩短绕经好望角的航线。为此，西方各国就不断地派出探险队前往北极，但都被冰雪阻挡或围困。北极的奥秘深深地吸引了安德森，他立志要成为到达北极点的第一个人。

从以往各探险队失败的教训中，安德森认为去北极用船或车都不合适，那么，能不能从空中去呢？他决定从空中乘气球飞往北极。

1897年，当时各方面条件都很差。然而，安德森的探险计划仍独具魅力。特别是这项计划带有神奇的冒险色彩。探险队要征服“昏睡”的北极。而在当时还没有很多有关北极探险的经验，也没有专门供探险用的船队。他们只有3个人，而且所携带的装备简单到不能再简单。北冰洋洋面上的景象是可怕的：到处都是坑坑洼洼，还有大窟窿、水、冰块、雪墙和雪雾等。探险人行动艰难。雪橇和狗经常陷入雪坑中。在那里，每挪动几步都简直是一次远征。如果使用气球的话，那就完全是另一回事了，那就会像散步一样轻松，只要能在空中飘荡，能拍照和能让气球前进就行。

只是有一个条件：要使气球绝对安全可靠，在这方面可是一点也不能含糊。安德森热衷于这次远行，他很乐观。在普法战争期间，人们就曾利用气球完成过不少英勇的壮举。例如，在 1870 年 11 月 24 日，一个气球从巴黎北站飞起，14 小时后就到达奥斯陆。因此，探险并不是不可实现的。更何况富有经验的安德森还利用了 2 项精巧的发明：一是差不多有 1 吨重的用椰子纤维做成的巨大缆绳。把它们从气球上垂下去使之拖曳在洋面上或大块浮冰上，就可以防止气球飞得太高，并能减慢它的前进速度。其次就是一种固定在这些缆绳上的帆，可以用它来操纵气球。如果风不是直接往北吹的话，就可以利用这种帆来调整气球的航向。

气球常被西方人用来探险

准备出发

为了制定一个切实可行的精密计划，安德森从法国买了一只小型气球，单人试飞了 9 次。试飞中他发现，单独一个人去北极是不现实的，至少得 2 人，最好是 3 人。于是，他邀请好友斯特林伯克一同前往。斯特林伯克是个物理学家，也是个摄影爱好者，他欣然接受了安德森的邀请。

现在最急需的是经费。瑞典化学家诺贝尔了解到安德森的想法后，慷慨解囊，先赠给他 1000 英镑，1 周后又增加到 3600 英镑，瑞典国王奥斯卡二世也赐给他 1660 英镑，安德森很快就有了足够的资金。

他专程到巴黎定做了一只直径为 20. 5 米的气球，气囊采用最好的中国丝

诺贝尔像

织品制成，涂上橡胶，以防雪和雾的袭击。1896 年 6 月 7 日，安德森和斯特林伯克带着气球和一切必用品，乘船从瑞典哥德堡出发，前往斯匹次卑尔根群岛西北的一个名叫丹尼斯的小岛，然后从那里起飞前往北极。不料到了丹尼斯岛后，风向一直不顺。而等到风顺，斯匹次卑尔根群岛一带已是雪花飞舞的冬天，无法前往北极了。安德森只好把充了气的气球留在丹尼斯岛，自己回到瑞典，等到来年春再起飞。安德森仍在专利局上班，而斯特林伯克又到实验室搞他的研究。

第二年 5 月 18 日，安德森和斯特林伯克再次出发到丹尼斯岛。这次他们增加了一个旅伴：富林格。他是个工程师，也是个气球迷。瑞典国王奥斯卡二世派了一艘军用破冰船“斯文恩诺特”号把他们送到丹尼斯岛。出航前，不少人劝安德森打消乘气球去北极的念头，还有人直言不讳地说，他们这次探险成功与否的标志并不是能否到达北极点，而是能否活着回来。

面对这些冷嘲热讽，安德森的决心没有动摇，他到了丹尼斯岛后，天气一直不利于飞行。直到 7 月 11 日，安德森才作出起飞的决定，他们与“斯文恩诺特”号上的水手一一告别，安德森从拥抱中挣脱出来，转身问他的两个同伴：“准备好了吗?”他的同伴坚定地点点头，三人就一同走向气球的吊篮，把沙袋扔出，然后割断缆绳，气球猛地动了一下，很快升向空中。就这样，他们的北极探险开始了。

意外失踪

他们飞行的第二天，气球就出了故障。为了使气球保持在 500～660 英尺（1 英尺 =0.3048 米）的高度上飞行，他们在吊篮下面系了一根长长的绳索，以测量气球距地面的高度。谁知这根绳索没有系牢，从中间断开了。气球由于失去了一定的重量，就越升越高，他们无法知道气球的高度。前方是一片茫茫大雾，天气越来越冷，气球上的每件东西都是湿漉漉的，水珠很快就结成了冰。

7 月 14 日，在他们飞行了 65 个小时之后，由于气球内氢气温度降低，气球飞得越来越低。在这种情况下继续飞行是不可能了，安德森就打开气球的阀门，让气球慢慢地降落到一片空旷的冰块上。

这时，安德森估计他们离开出发地约 300 英里（1 英里 = 1.6093 千米）。现在他们惟一能做的，就是在冰上朝东南步行 200 多英里，到约瑟夫岛去，那里他们能得到紧急物资供应。他们把吊篮内的东西全部卸下，装到带来的雪橇上。1 周后，他们开始了令人望而生畏的冰上旅行。北极气候严寒，狂风怒吼，风雪交加，冰块不时碎裂，他们还得不停地拖着沉重的雪橇。有时，他们就在浮冰上安营，然后随冰漂流，直到浮冰碎裂。富林格得了胃病，还严重腹泻，安德森就用吗啡给他止痛。他们惟一的乐趣是射死北极熊后，饱餐一顿新鲜的肉食。他们还在射死的北极熊旁拍照留念。

2 个多月后，他们在斯匹次卑尔根以东 50 英里的白岛登岸，并搭起帐篷，准备等严冬过后再继续艰苦地旅程。

然而，从此他们就失去了踪影。

5 天之后，一艘挪威船的船长在巴伦支海打下了一只信鸽，发现它的脚上拴了一封信，信的署名是安德森，他报告气球已经迫降，希望人们去救援他们。瑞典政府获悉后，派出了雪橇队和船只，但没发现他们的踪迹。

1899 年和 1900 年，人们在挪威沿岸几次发现漂流瓶，瓶里有安德森的求援信。安德森显然不是地理学家，他没标明他遇险地点的方位。

从那之后，人们再也没获得他们的任何消息。他们和“飞鹰”号似乎消失在北极的茫茫冰海之中了。

发现遗骨

1930 年夏天，法国的气候恶劣，气温下降。但是，北极却出现前所未有的好天气。在北冰洋周围的土地上，气温高达 15℃，地面甚至出现了一些花草。

对渔民来说，这可是捕鱼的大好时机，通常被大块浮冰堵塞的北极海峡解冻了，船只可以安全地通过海峡。由于从来没有船队来过，因此海象得以大量繁殖。同时，由于这些海象从来没有被捕捉过，所以特别容易上钩。但对小海豹来说，这简直是一个讨厌的夏季。

挪威小型拖网渔船“布拉特沃格”号在斯匹次卑尔根群岛东北洋面上捕捞了大量猎物。1930 年 8 月 5 日 23 点，这条船在布朗什岛抛锚靠岸。

船刚刚停稳，一群海象就围了上来。船上的渔民即刻展开了一场富有成果的围猎。他们很快就捕获了一只大海象，随后将它带到海滩，割成碎块，割取油厂收购的海象的脂肪。在北极灼热的阳光下，这是一项使人精疲力竭的艰苦工作。为了消除疲劳，两名水手前往邻近的河边取水。

在那儿，他们发现一条冻在冰层中的小船。船员们立刻进入战斗准备，并且搜索了这条小船，并且还找到一个完整无损的煤油灯，还有盘子、餐具、斧头、鱼叉、猎枪、铁钩、双筒望远镜，一只罗盘和几座船钟。总之，有北极探险所需的各种必备用品，还有人的尸体：先后在冰层中找到 3 具尸体。在他们的口袋中，完好地保存着他们的记事本和观测日记。首要的新发现是照相机和 1897 年拍下的胶片，所有的底片都完好无损：在布朗什岛找到 192 张底片，其中 50 张底片可以提供一些大致清晰的图像。

由于发现了安德森探险队的遗物和他们的尸体，“布拉特沃格”号的船长立即决定缩短围猎期。9 月 1 日，这条船回到挪威，发现安德森探险队殉难者尸体的消息立即传遍斯堪的纳维亚半岛。

消息传到瑞典后，瑞典全国沸腾了。瑞典国王立即派当初送安德森出发的“斯文恩诺特”号破冰船，由一艘大型军舰护航，到挪威去把安德森等人的遗骨和遗物运回瑞典。当这两艘船完成任务，驶抵哥德堡时，全城的教堂钟声齐鸣，码头上十几万人摇动着旗帜和火把，迎接安德森等人的遗骨，真可谓盛况空前。

关于三人的死因，当时曾有种种猜测。很明显，斯特林柏克先去世，因为他的骨架是在两块岩石间发现的，上面还堆着一些乱石。这说明他是被同伴们埋葬在那里的。

安德森和富林格的骨架在帐篷内并排躺着，没有被埋葬过的任何迹象。看来，他们几乎是同时去世的。

如果说是饿死的，则有些难以令人信服，因为帐篷里还有不少没开过盖的食品罐头。此外，他们还有枪支和弹药。即使食品吃光了，他们还可以猎取极地动物来充饥。

从他们临死时裹着用破碎气球缝制的衣服来看，冻死的可能性是很大的。也有人提出他们是在绝望中服用过量的吗啡致死，但这找不到证据。

1952 年，一位丹麦牙科医生在仔细地阅读安德森的日记时，注意到他们在步行路上都有不同程度的胃痛、腹泻和肌肉痉挛症状。这些症状说明他们得了旋毛虫病。旋毛虫常潜伏在北极熊体内，人吃了没有煮熟的北极熊肉，就容易得这种疾病。据安德森的日记记载，他们都吃了没有煮熟的北极熊肉。

独闯北极点的英雄

极地遇熊

1978 年 1 月 30 日，植村直己从日本羽田机场飞往温哥华。于 2 月下旬到达前进基地——加拿大埃尔明米尔岛最北端的阿累尔特“极光基地”。在这里，他进行出发前最后准备工作。

3 月 15 日，天空晴朗如洗，也没有风，只是奇冷，气温达到 -51℃。植村直己怀着兴奋的心情，早晨 4 点半就起了床，6 点半飞离基地，1 小时后就到达了哥伦比亚角。这里是北纬 83°6′、西经 71°8′，距北极 766 千米。

下午 3 点，植村直己乘坐雪橇，和 17 条北极犬一起，踏上乱冰块，开始了向北极的远征。

最初的几天，严寒的气候，怒吼的西风，再加上到处都是乱冰块，使植村直己进展异常缓慢，整个探险比原计划往后推迟了 2 个星期。

3 月 9 日凌晨，劳累了一天的植村直己刚躺下休息，就被一阵狗叫声吵醒了。这是危险的信号，因为在北极，很少有什么东西能使北极犬害怕。如果有，那就是北极熊！

北极霸主——北极熊

果然，植村直己正要拉睡袋的拉链，就听到了沉重而拖拉的脚步声。紧接着，粗大的喘气声也传到耳中，果然是北极熊。想跑已经是来不及了，因为他的睡袋是两层的，躺进去身子就无法动弹了，北极熊近在咫尺，连拉拉链的时间都没有了。拿枪打也不可能，因为来复枪虽然伸手可及，但没装子弹！更糟糕的是，在出发前他一次也没有检查过枪支，瞄准器也没校准过，能否打得响还很难说。而此时熊已开始撕咬雪橇上的狗食箱子和鲸油桶了！

浑身冒汗的植村直己急中生智，素性躺在睡袋里装死，一动也不动，或许熊不会发现他。他心中默默祈祷：但愿半只海豹肉，一桶鲸油，还有10天的干粮能填饱它的肚子。

谁知，吃饱喝足的北极熊并没有离去，而是转向帐篷。它那巨大的熊爪撕扯着薄薄的尼龙篷布，又用鼻子抵住帐篷，拼命摇晃起来。植村直己感到它的鼻子已经顶到了他的身上，清楚地听到了响亮的呼噜呼噜声。在这生死关头，他拼命屏住气。谁知这样一来，他的呼吸声反而更大了！憋气可不是件容易的事，到了一定的时候，还得进行深呼吸。由于身子全在睡袋里，一呼吸登山夹克就沙沙作响。如果这要是叫熊听见了，那可就全完了！

幸运的是，北极熊拱了一阵，就转身走了。当植村直己听到它那沉重的脚步声渐渐远去，终于消失在一片寂静之中时，他深深地舒了一口气：得救了！

他立即爬起来，一把抓过枪，装好子弹，走出帐篷。北极熊正在百米外的乱冰堆中缓缓而行。他开了一枪，没有打中。北极熊就在这枪声中逃掉了。

第二天，当他正在帐篷中取暖时，狗又叫了起来。植村直己一跃而起，拿枪冲出帐篷，不远处乱冰堆中，北极熊正在蹒跚地走来。显然，这家伙昨天尝到了甜头，今天又来了，植村直己瞄准它开了一枪，这个比小牛犊还要大的家伙站起来摇晃了几下，嚎叫着倒下了。植村直己追过去又打了几枪，把它打死了。

植村直己把熊拖回帐篷进行肢解，把新鲜的熊肉犒劳他的狗，因为在这茫茫极海之中，狗是他惟一的伴侣，何况弄到它们又并非容易啊。要知道，在格陵兰图勒附近的村子里，他从爱斯基摩人那里以每条狗 150 美元的高价买下它们。

不过，好在一场危险过去了。根据加拿大的法律，植村直己把这次射杀事件报告给了野生生物管理局，并交上熊的上颌骨，进行年龄鉴定。

冰原前行

北冰洋是个令人望而生畏的地区。这里似乎没有一块冰面是平坦的。冰海雪原中，到处都是由锯齿形的冰砾组成的迷津。植村直己不得不用铁棒凿冰前进，有时干上几个小时，只能前进几百米。狂风和严寒无情地袭来，他的下巴和鼻子都冻伤了，手也冻得失去知觉，不听使唤了。

狗的情况也不妙，它们的爪子有的被冰弄断了，有的是在争夺食物或雌狗时弄伤了。疼痛使它们睡觉时不是蜷缩一团，而是伸开四肢，所以，暴露在外的伤口又被冻坏了。有四条狗冻得特别厉害，不能再拉雪橇了。

到 3 月 16 日，又出现了一个新问题。在一段平坦的冰面上，出现了一条水道，足有 50 米宽。植村直己只好停下来，等候水道结冰合拢。渐渐地，冰缝终于缩小到 1 米多宽了，他用力赶着狗队，终于跨过了这个水道。可是有 5 条狗落水了，它们奋力爬上冰面，湿漉漉的皮毛立刻就结成了冰条。

直到 3 月 26 日，前进才顺利些。但又出现了新情况：乱冰堆没有了，积雪却很厚，狗跪在软绵绵的雪地里，就像游泳一样，平伸着前爪，高昂着头，一蹶一蹭的，很费力气。狗的定量每天 1 磅多的干肉和狗食，但是它们总是吃不饱。植村直己不得不留心看着它们，否则它们就会把牛皮挽具、海豹皮鞭、皮手套等皮制品统统吃光。而且，处在发情期的雌狗又引起群狗争夺配偶，战斗往往打得不可开交。他不得不留心照料它们，并把它们分隔开。

在这种情况下前进，不用说是很艰难的。植村直己每天只能睡 5 ~ 6 小时，一天下来，累得他两条腿都摇摇晃晃的，仿佛不是他的了。有时他一钻进帐篷，就倒头大睡起来。

4 月 1 日，飞机进行第二次补给，给他运来了一个小巧轻便的雪橇，替换了 2 条冻伤的狗，还送来了食物——干肉饼、商业狗食、冻海豹肉和驯鹿肉、饼干、糖、鲸油、盐、咖啡和果酱。植村直己每天都是同狗同时吃饭，即一天下来之后才吃一次，而且总是吃生的，抹上的油的驯鹿肉营养丰富，味道很好，再加上一杯雪水，就是他的饭食了。他很少有时间烹调，要是在帐篷里烧饭，蒸气凝结在篷顶上，那可就麻烦了。

极地“接生婆”

在向极地进军的征途中，植村直己并非孑然一身，和他在一起的，还有他的 17 条北极犬。他很喜欢这些忠实的伴侣，它们也各不相同，各有各的脾气。比如，有一条狗总是往左边拉，另一条又总是居于正中，第三条呢，则总是往右拉。有一条狗，你不用鞭子抽它，它也会汪汪叫个不停，而另一条狗则正好相反，无论你怎样抽打，它也不肯叫一声。还有一条狗特别会看主人的脸色，你只要一拿起鞭子，它就拼命向前拉。更有意思的是，有两条狗一边向前跑，一边侧着脑袋看着主人向主人表功。

和这些可爱又勇敢的狗在一起，植村直己一点儿也不感到寂寞、孤独。有意思的是，他还发现名叫雪罗的狗怀孕了。这对于这个集体来说，无疑是件大事。他从来没有给狗接过生，真不知道到分娩时该怎么办。在这绝无人迹的冰海雪原中，想找接生婆是完全不可能的。

4 月 9 日夜，在踏上北极征途的第 36 大，雪罗开始分娩了。它躲在帐篷外面，生下了 1 对小狗。可是残酷的一幕却随之发生了。植村直己还没有来得及跑到雪罗的跟前，这两只刚刚出世的小狗就被别的狗给吃掉了！他不得不把雪罗抱进帐篷。它又生下了 4 只小狗，有 1 只死了，其余的 3 只连滚带爬活蹦乱跳地叫出了它们出世后的第一声“咪、咪”声。植村直己小心地把它们裹在暖和的驯鹿皮里，尽一个助产婆的可能，耐心地侍候着雪罗母子。

第三天夜里，多产的雪罗又生下 3 只小狗，但只活了 2 只。活下来的 5 只小狗又有 1 只钻出了鹿皮，在北极的寒风中冻死了。

4 月 14 日，补给飞机来了。它给植村直己带来了新的补给品和 9 条健壮的替换狗，他把雪罗和那 4 只出世才几天、眼睛还未睁开的小狗等 16 条狗装上飞机运回去。植村直己看着离去的飞机，长出一口气。因为他很感谢这些狗，它们拖着雪橇，离开哥伦比亚角，在 40 天里走了 400 多千米艰难的里程。它们已出色地完成了任务。而且，诞生在极地的 4 条新的小生命，终于能活着飞离极地。为此，他感到十分宽慰。

逃离“冰岛”

4 月 12 日，植村直己出发不久，就遇到了一个宽约 5 米的冰裂。他折向别处寻找通道，终于找到了一段较窄的水道。但由于他给那些狗和大得出奇的冰障拍了几张照片耽误了时间，等他再来到选好的地点时，裂缝已经加大了 1 倍，过不去了！

失望、懊悔涌上他的心头，但并没有灰心。他借助漂浮在水道中的浮冰块，渡过了这条 5 米宽的水道。然后又冒险渡过了另一条 10 米宽的水道。因为刚跨过最后一块浮冰块，狗突然停下来；冰块向后倾斜，雷橇尾部滑入水中。植村直己猛地跃向前去，用力击打着挽绳，大吼“驾！驾！”狗队突然猛力冲向前方，雪橇这才避免被淹，拖上了岸。如果动作再慢一点儿，连人带狗就都浸在水中了。

这样的经历，以前也有过。有一次雪橇和狗突然陷入到冰缝里，幸亏植村直己当时走在雪橇旁边，否则，他早就溺水在冰水之中了。

4 月 14 日，他离极点还有 360 千米。如果路途和天气好些，再有 10 天就能到达目的地了。谁知老天不作美，第二天就刮起了狂风，再加上雪暴，把植村直己死死钉在原地，一动弹不得。狗也一动不动，蜷缩成一团躲在帐篷里。显然，在这种情况下上路是异常危险的。

直到 17 日中午，天气才稍有好转，但雪却覆盖了一切，掩盖着刚结成的薄冰。狗队不止一次从冰雪中突围出来，植村直己也几次陷入没膝深的冰雪中。

这还不算，冰裂声彻夜不停，到处都有冰裂，周围全是大块大块的浮冰。它们互不相连，随波逐流，相互摩擦碰撞。植村直己所在的浮冰就在这流冰中穿行，变得越来越小。到 18 日傍晚，这个小冰岛只有二三百米宽了。

劳累一天的植村直己刚刚搭好帐篷，就听见一声巨响，一条巨大的裂缝出现在距帐篷一二十米的地方。于是，这个小小的冰岛就只有原来的1/3大小了。留在原地只能是等死。植村直己开始寻找更大的浮冰。这时，一块高达7米的浮冰漂来，在他身旁发生雷鸣般的响声，翻倒在水中。过了一会儿，它的另一头又露出了水面。

时间就是生命！另一条大裂缝又出现在比上一条更近的地方，冰岛霎时就变成了一个狭窄的长条。植村直己站在这个方圆不到100米的小冰块上，急得浑身冒汗。马上跟基地联系，发出SOS呼救信号已来不及了！这里离基地有400多千米，即使飞机立即飞来，恐怕也赶不上了，那时他很可能已经葬身在海水之中了。

正当他紧张地思考的时候，一个漩涡把小岛卷走，推向另一块冰块。看来这个冰块很大，好像是通往坚固的冰陆似的。植村直己认为这是惟一的逃生机会，不能错过。狗虽然大多是新来的，还不大熟悉主人，也不很了解主人的意图，但逃生的愿望却使他操起铁棒，高举过头，狠命地砸向挽绳，嘴里狂呼乱叫着。受惊的狗队拖着雪橇，猛地向那块浮冰跑去。最后终于又躲过了一劫。

到达极点

4月26日，飞机进行了最后一次空投补给。这里离极点，只有100千米左右了，向极点的最后冲刺开始了。

1个多星期以来，极地的太阳总是昼夜24小时地照耀着他们，北极的夏天到了。他们就在这阳光下赶路和休息。昼夜的概念在极地是不存在的，植村直己把自己的身体作为时钟：累了就停下来，休息好了就再上路。

到4月29日晚上，兴奋的植村直己难以入睡。帐篷在极地午夜的阳光照耀下，熠熠发光。他凝视着睡袋，却没有钻进去。他感到有一股冲力，驱使他不是睡觉，而是继续前进，冲向极地。

第二天，植村直己怀着必胜的信心，坚定地踏上了征途。狗似乎理解主人的心情，使出了惊人的力量，雪橇飞速向前。经过12个小时的奋斗，在格林尼治时间下午6时30分，植村直己停了下来。他估计已经到达了北极点，于是便进行仔细观测。他知道，方向上的错误曾经困扰过那些到过极地的旅行者，所以他用了一整天的时间来进行观测。每隔几小时，他就观测一次，而多次观测的结果，他确信这里就是北极点，这就是说，他已站在了地球的顶端了。

到达北极，这是他多年来的梦想，而今天终于实现了！胜利的喜悦使得他激动不已，他和他的狗拥抱在一起，陶醉在兴奋之中。他不顾凛冽的寒风，把日本国旗悬挂在北极上。

由于这里是北极圈磁场干扰带，因此他无法同基地进行无线电通信联系，无法报告他到达极点的消息。但接他返回的飞机机组人员重新进行的测量，美国第 6 号气象卫星的观测，都确认无疑地证明了，他是人类第一个只身到达北极点的人。

中国科考队远征北极

封闭式模拟训练

中国位于北半球，北极离我们更近一些，与我们的关系也非常密切，但是，直到 1995 年 4 月之前，我国还未组织过考察队深入到北极地区考察，更未到达北极点，这比美国人皮尔里率领的探险队 1909 年征服北极晚了近 90 年，比前苏联在北极建立“北极工号”浮冰漂流站也晚了半个多世纪。

改革开放以来，我们中华民族的眼界空前地拓宽了。世界需要中国，中国更需要世界，而北极地区却还是一块中国考察队尚未到过的空白地区。

北极地区有大片的森林、草原、苔原和永久冻土带，有广阔的海洋。这里是探测宇宙最好的场所，是监测环境最理想的基地；这里对气候变化最为敏感，是观测温室效应最好的实验室；在这里可探索生命之源，在这里可研究大陆漂移，这里的大气对流控制着北半球的气候变迁，这里还是一个各种资源的万宝巨箱，有可能成为人类下一个能源基地。据最近的研究，由于人类活动的强烈影响，北极地区的环境正在发生变化，如北极苔原带大幅度向北收缩，永久冻土消融，平均气温在逐渐升高，大气受到严重污染，等等。

北极地区的气候与环境变化，对整个北半球具有深刻的影响，甚至是控制作用，而中国是首当其冲，因为我国的气候直接受到北极的控制，我国的大气质量和环境因子直接受到北极制约。所以，中国也迫切需要去考察和研究北极。

1993 年 3 月 10 日，由中国地理学会、中国地质学会、中国地球物理学会等 10 家单位联合发起，经中国科协批准，成立了“中国北极科学考察筹备组”，中国北极科考进入了实质性的筹备阶段。

1994 年，中国北极科学考察筹备组得到企业的赞助，中国北极科考正式启动。

为了为中国首次远征北极点科学考察队选拔队员及为 1996 年开始的中国北极科考五年规划储备人员，中国北极科学考察筹备组组织了北极科考集训队，于 1995 年 1 月 18—26 日到黑龙江省的松花江冰面上进行了封闭式的模拟训练。集训队共 29 名队员，其中包括 13 名科考人员和 16 名新闻记者。当时，松花江冰面最低气温为 -25°至 -34°，所有集训队员必须负重 25 ~ 30 千克，并拖拉 100 ~ 150 千克重的物资，在松花江冰面上徒步行走 130 余千米，且食、宿、行都在冰面上，集训队与外界完全隔离。

集训队经过六天五夜艰苦的模拟训练，基本完成了进军北极前的四大训练任务。这四大训练任务是：①个人体能训练。要对付北极恶劣的环境并完成科考任务，首先，考察队员必须具有强健的体魄。②冰上技能训练。此项训练包括冰上的食、宿、行、自救与互救，御寒防冻常识与技能，发现冰裂和正确判断冰震等。③团队精神训练。禁止单独行动、盲目冒进、疲劳作战，提倡团队协作精神，因为北极科考队是一个整体，必须统一行动，而任何个人的不科学操作将会给自身带来毁灭性的危险，甚至会造成全队覆没。④装备操作训练。队员们学会了熟练地操作衣、食、宿、行设施，通讯急救工具和伤害处置设备等。

封闭式模拟训练的圆满完成，为中国首次北极科学考察准备了前提条件。

五星红旗插北极

经过短暂准备，中国首次远征北极点科学考察队 25 名队员，面对科学的召唤，肩负祖国的重托，于1995年3月31日从北京启程，踏上了进军北极的艰难历程。

25名考察队员由科考人员、新闻记者和后勤保障人员所组成。

考察队从北京出发，先后到达加拿大哈得逊湾冰面和美国明尼苏达州伊利市，又进行了10多天的滑雪滑冰和狗拉雪橇的强化训练。

1995年4月23日凌晨，中国首支北极科学考察队乘坐飞机进入北极圈，当地时间1时整，飞机在晨曦中徐徐降落在加拿大北极群岛孔沃利斯岛的留索柳特，据考察队员用卫星导航定位仪测定，留索柳特位于北纬74°42′58″，西经94°58′33″。进入北极圈大约1000千米。科考队将远征北极点的大本营设在留索柳特。

4月23日当地时间上午8时，7名将从冰上向北极点冲刺的队员从留索柳特乘坐雪上小飞机继续向北飞行，于北京时间4月24日到达北纬88°的北冰洋冰盖上，考察队从这里开始靠徒步行军和滑雪向北极点进军。

7名冰上队员包括来自国家地震局、中国科学院地理研究所、中国科学院海洋研究所、中国科学院冰川冻土研究所和武汉测绘科技大学的5名科考人员以及中央电视台2名记者。

科考队员从踏上北冰洋冰面的那一刻起，就每时每刻都伴随着危险与艰辛。科考队面临的最大危险便是北冰洋上的冰缝。与南极冰盖不同，北冰洋上的冰盖并不是一个整块，而是分离成无数的冰块，大小不等，冰裂块之间便是冰缝，即使到北极点附近也是如此，尤其是遇到剪切带时，冰块破碎，冰缝众多，宽窄不一，有的1米左右，有的宽达十几米。裂缝中露出蓝蓝的海水，海面下海水深达数千米。如果单独行动，盲目冒进，一旦掉进冰缝，就十分危险。即使是考察队整体行动，遇到风雪或大雾天气，也不敢冒进，遇到冰缝，队员们就要砍一块冰来，几个人用力将冰块推到冰缝中，搭起一座不太稳当的“浮桥”，浮桥上下浮动，当人踩过时，如果重心掌握不好，就会使浮冰块翻过来，人也会掉进冰裂缝。遇到十几米宽的冰缝，那就像过一条小河了，队员们要砍来许多冰块，用绳子拴成串后在冰缝两岸拉住。过这种冰缝不仅工作量大，十分辛苦，而且也非常危险，一不小心，就会掉进冰缝。不仅考察队员要过去，狗拉雪橇也必须安全地冲过去，因为其上载着考察队的“粮草”和装备。稍有闪失，雪橇掉进冰缝，“粮草”尽失，整个考察就会归于失败，甚至危及考察队员的生命。

此外，考察队还可能随时受到冰震、冰裂、暴风雪甚至北极熊的威胁。

说起考察队员的艰辛，那就只有亲自参加考察的队员才能体会深刻了。北极地区多年平均气温为－18℃，冬季为－40℃，即使夏季（7月）平均气温也在0℃左右，长时间在冰面上跋涉，寒冷是最大的敌人。白天在风中行军时，脸上像刀刮一样，从口中哈出的气，马上会在胡子上结成冰霜，白天行军汗湿了脚，晚上无处去烤，脚只好放进睡袋里“烘”干，而早晨起来，鞋和袜子则冻成了冰块，要费很大的劲才能把它们分开，当然，要把脚再穿进去就是更痛苦的事情了。

在北极冰面上长途跋涉本身就非常辛苦，冰面上高低不平，沟、坎、雪坑很多，甚至一会儿上坡一会儿下坡，一天跋涉下来，每个人都累得像一摊泥。

除此之外，科考队员们每天还必须完成包括物理海洋学、海洋化学、北极冰动学、雪冰化学、北极生态、北极环境变化等一系列项目的考察与采样任务。

中国科考队在北极冰盖上度过了12个夜晚，13个白天，经过长距离的艰苦跋涉，终于在北京时间1995年5月6日上午10时55分胜利地到达了北极点，这也是中国科考队首次到达北极点。五星红旗在北极点上空迎风飘扬，向全世界展示了中国人有能力征服北极点并进行北极地区的科学考察。

登临南极冰原

DENGLIN NANJI BINGYUAN

公元前6世纪，居住在北半球的古希腊人推测，既然在北半球存在着广布的大陆，根据对称性原则，南半球也一定有一片同样的大陆。公元2世纪，著名地理学家托勒密绘制了一幅富于想象力的地图，他在人们熟知的大陆的南边加画了一块跨越地球底部的大陆，并称之为“未发现地”。后来，人们又把“未发现地”更名为“南方大陆”。但直到18世纪70年代，人们发现了新西兰，发现了太平洋上的诸多岛屿，但就是没有找到梦想中的南方大陆。

18世纪中叶开始，世界上掀起了一个寻找南方大陆的探险风潮。此后，各国探险家前赴后继，在与风浪、疾病、饥饿等诸多困难的斗争中向南方开进……在全人类的共同努力之下，南极大陆这块冰封雪冻、狂风肆虐的不毛之地终于向世人揭开了自己神秘的面纱！

南极大陆像是一位安卧在蓝色大洋上的美丽孔雀。南极半岛是它俯地啄食的雀首，设德兰群岛正如撒在地上被啄食的食物，罗斯海和威德尔海凹陷部分另一侧的大部分陆地就像是孔雀开屏徐徐张开的雀尾锦翎。

寻找未知的南方大陆

南方“未知大陆”

产生于公元前2世纪的南方“未知大陆”存在的假想，具有强大的生命力，它在人类地理发现史上起过巨大的作用。

随着15世纪后半期帆船制造业和航海技术取得的巨大成就，人们进行海上远航才成为可能。因此，南方“未知大陆”的假想尽管早在公元前2世纪就产生了，但直到这时人们才有可能去探索。

麦哲伦

1520年11月，麦哲伦探险队发现篝火通明的火地岛和1544年7月雷切斯发现黑人居住的新几内亚之后，人们似乎证明了南方“未知大陆”存在的假想。西班牙人企图穿过太平洋南部水域以建立被它占领的秘鲁和菲律宾之间的直接联系，组织了一系列探险队，从秘鲁出发，到太平洋南部探索“未知大陆”。

1567年1月，明达尼亚率探险队从秘鲁去太平洋进行发现，次年2月7日发现了一片陆地，看到深处有黑人村庄，他认为是在“未知大陆”上发现了奥菲尔之地。

德雷克的功勋

1578年，英国女王伊丽莎白派遣弗朗西斯·德雷克去寻找南方大陆。德雷克原是海盗，他勇敢、剽悍，是个无所畏惧的人物。1月12日，他指挥他的船队——“金鹿”号、“玛利方特”号、“伊丽莎白”号驶离了普利茅斯港。1个月后，他们便来到了麦哲伦海峡。

这是英国人第一次来到这里，所有的船员都异常兴奋。德雷克命令张灯结彩，鸣放礼炮。船只循着海峡迂回曲折地前进。9 月 6 日，他们驶出海峡。正当他们弹冠相庆时，猛烈的风暴呼啸而来。强风夹着雨水、冰雹和浓雾，海面掀起大山般的巨浪，使船只顿时失去了控制。不久，“玛利方特”号被大海吞没了，“伊丽莎白”号侥幸地驶回了海峡，而旗舰“金鹿”号则被吹得无影无踪。

英国伊丽莎白女王

风暴持续了 1 个多月。“伊丽莎白”号始终找不到其他船只，于是船长温特判断，其他船已葬身鱼腹，因而决定放弃远征，掉头返航。

但“金鹿”号并未沉没，这一叶孤舟一直在大浪里挣扎，被狂风吹向南方。到 10 月 28 日，暴风雨骤然停息之后，船上的人发觉“金鹿”号已漂近一群稀稀落落的岛屿，而在岛屿的南方则伸展着无边无际的汪洋大海。

面对着辽阔的大海，德雷克立刻意识到，这是个巨大的发现。因为自麦哲伦以来，人们一直以为海峡南面的火地岛是延伸到南方大陆的一部分。而目前的事实表明，它只不过是一群岛屿而已。这些岛屿是南部美洲的最南端，再往南并无陆地，只有大西洋和太平洋的海水在此汇合。

德雷克召集了船员，向他们宣布他的判断，并预言了传说中的澳斯特拉利斯地是不存在的。但他很谨慎，想了一下后又补充了一句：如果它真的存在，也一定是在寒冷的地平线外很南的地方。

德雷克登上海岸扑倒在土地上，亲吻着岩石，然后对部下说：“我们已来到了世界上已知陆地的最南端，并且比世界上任何人都走得更南。”

接着他下令“金鹿”号向北航行。他想寻找美洲北端的大西洋和太平洋会合点。但 3 个星期后，极度的寒冷和浓密的大雾严重阻碍着他们，而且海

“金鹿号”

岸似乎不断向西北延伸，好像一直通往亚洲。当他看到从北涌来的浮冰之后，他才让“金鹿”号掉头往南，在气候宜人的海岸边休整。这时，他的头脑里又闪现环球航行的想法，就毫不犹豫地驾船向西驶去……经菲律宾，穿马六甲海峡，渡印度洋，绕好望角，过佛得角群岛。1580 年 9 月 26 日，他们终于回到了出发时的港口——普利茅斯。这样，他们在海上度过了 2 年 10 个月。

英国女王伊丽莎白为表彰德雷克的功绩，赐予他一把镀金的宝剑，并破格封海盗出身的他为爵士。而人们为了纪念他的发现，把南美南端与南极半岛之间的通道称为“德雷克”海峡。

荷兰人与澳大利亚

荷兰人对澳大利亚的发现做出了重大的贡献。1605 年 11 月，荷兰东印度公司派遣威廉·扬逊乘航船“捷菲根”号朝“未知大陆”方向挺进。这个人的名字在发现史册上是以“扬茨”出现的。扬茨沿澳大利亚海岸线一直航行到南纬 14°，1606 年 6 月抵达一个海角。扬茨认为，新几内亚是“未知大陆”北部的一个半岛，而南部则可能一直伸延到南极地带。当然他不知道西班牙人托雷斯以自己航行实践业已证明了新几内亚仅是一个海岛。扬茨航行后的十几年里，荷兰的许多资本家在前往巴达维亚或离开这座城市的航途中，接连不断地发现了新荷兰（澳大利亚）的北部、西部和南部大部分沿岸地带。

1605 年 12 月，基洛斯指挥 3 艘帆船从秘鲁出发，沿南纬 20°线航行，发现了土阿莫土群岛和“千真万确的未知大陆”。他杜撰了一系列报告，花言巧语地吹嘘新发现的“未知大陆”，但实际上，它发现的是新赫布里底群岛。

英国的罗德任尔·布德斯，在 1708—1711 年期间领导了一次半军事半海盗式的探险，尽管他没做出任何地理发现，但撰写的《1708—1711 年的环球航行》一书却引人入胜。书里有这样一个故事：一个名叫塞尔盖尔克的水兵，在一个荒无人烟的海岛上，只身一人度过 4 年零 4 个月的漫长岁月。事情的原委是，塞尔盖尔克在 1704 年与船长发生口角，被送到人烟绝迹的胡安—费尔南德斯岛上。1709 年，当布德斯把他救出来时，他身上穿的是野山羊皮。他与世隔绝之后变成了一个野人，几乎连话也不会说了。作家丹尼尔·笛福在这本书的强烈影响下，创作了一本举世闻名的长篇小说——《鲁滨孙漂流记》。

英国海盗威廉·丹皮尔进行了多次航海冒险，地理发现成就卓著。1688 年年初，他驾船航抵南纬 16°31′澳大利亚的西北部，登上海岸并深入到腹地考察，但他无法确认新发现的是一个海岛，还是一片大陆。后来，他航行到印度尼西亚，于 1691 年回到伦敦，从而完成了一次伟大的环球航行。1697 年出版了他编写的《新的环球航行记》，使这位海盗一跃成了异乎寻常和受人尊敬的作家了。

荷兰西印度公司在 1721 年派出了一支强大的探险队，去寻找南方“未知大陆”，罗赫文担任 3 艘船的指挥官。1722 年初，罗赫文绕过合恩角朝西北方向航进，在 4 月基督教复活节的第一天，他在离智利海岸约 1500 海里的洋面上发现一个多山孤岛，所以他把这个岛命名为复活节岛。

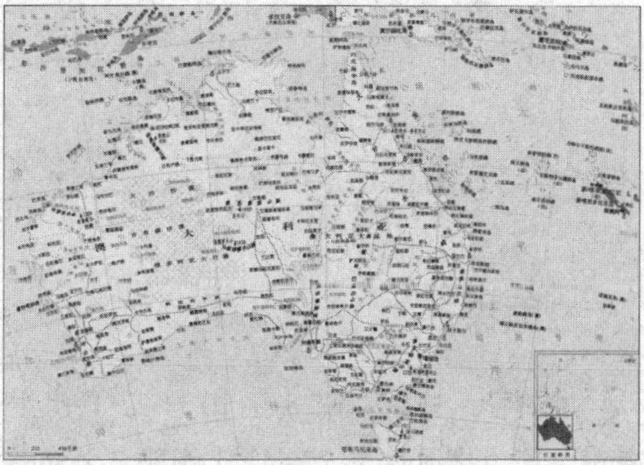

澳大利亚

法国为了在热带海洋卷土重来，进行殖民扩张，于 1766 年组织了一个探险队，布干维尔被任命为探险队队长。他从圣马洛起航，经过麦哲伦海峡驶入太平洋，到过萨摩亚群岛，绕过新几内亚东南部时，发现了由许多珊瑚岛和小海岛组成的群岛，他命名为路易西亚德群岛，以纪念法国国王路易十五。布干维尔还发现了所罗门群岛的 2 个大岛。9 月，布干维尔航抵巴达维亚，后又转航到毛里求斯，绕过好望角驶入大西洋，于 1769 年 2 月回国，从而结束了法国的首次环球航行。布干维尔著的《1766—1769 年的环球航行》一书，在 1771—1772 年间出版，并被译成多种文字，在欧洲多次出版，广为发行。

知识点

复活节岛石像

复活节岛在太平洋东南部，当地的波利西尼亚人称之为“拉帕努伊岛”，意即“石像的故乡”。复活节岛虽然只是南太平洋上无数个小岛中的一个，但却因岛上矗立的巨人石像而闻名世界。岛上的这些石像造型非常奇特，雕塑技艺也很精湛。它们默默地矗立在大海边上，表情显得非常冷漠，但是神态却很威严。从远处望去，这些雕像就如一队列队待发的武士，非常壮观。复活节岛上的这些石像是谁雕刻的，什么时候雕刻的，如何雕刻的，到目前为止还没有定论。

库克船长的南极探索

立志探险

詹姆斯·库克，1728 年 10 月 27 日出生于英国北约克郡的一个贫苦农民家庭。库克排行第九。在他年刚刚 7 岁的时候，就开始和父亲一起当雇工。在 13 岁时，因上不起正规学堂，父亲托人情，送他到附近的一位女家庭教师那里就读。

在女教师的启蒙下，库克认字、做作文和学算术。他最喜欢的课程是算术，而且经常提出一些稀奇古怪的问题请教师解答。教师很喜欢聪明好学的库克，每逢放学后，经常把他留下来，给他讲一些算术题，有时也讲一些天文地理和海洋探险故事，例如哥伦布发现新大陆、麦哲伦环球航海等，这使幼小的库克非常着迷。因而，在他的少年时代，便燃起了憧憬海洋的烈火。

库克 17 岁时，家境的贫穷使他不得不辍学，跟一个商人当学徒，期限为

4 年。这个商人住在惠特彼港区沿岸的村子里，库克在这里第一次看到了大海。大西洋壮观的美景，深深地吸引着库克。在学徒期间，由于与老板发生了争执，他学了 1 年半就离开了这个商人的店铺，来到惠特彼镇谋生。他有幸到一艘帆船上当学徒，期限为 3 年。这艘帆船定期从英国的东北海岸纽卡斯尔出发向伦敦运送煤炭。从此，库克开始了他的航海生涯。2 年以后，船主把库克调到另一艘船上工作，那也是一艘运煤船。航船对库克来说，好像是一个奇怪而复杂的庞然大物，从那个时候起，他对运煤船所具有的特性非常赞赏。

库　克

库克在船上当学徒期间，不仅到过不列颠的各大港口，而且还航行至荷兰和挪威，使他大开眼界。3 年学徒期满后，库克给另一个老板当了 2 年水手。他航行到波罗的海各个港口，也到过彼得堡。1752 年，原先的那个老板请他担任一艘船的大副，库克接受了邀请，在那艘船上一直干到 1755 年。

在英国和法国为争夺北美殖民地的“七年战争”初期，库克认为商业航海不能实现他的雄心壮志，决定辞去大副的职务，志愿报名参加英国海军舰队。库克被编入希尤·帕利赛尔指挥的一艘战舰，当了个二等水兵。由于库克在各方面表现出他是一个富有经验的海员，帕利赛尔舰长对他倍加重视。3 年后，在舰长的再三推荐下，库克被提升为“索尔贝”号舰的舰长，后又调任“彭布洛克”号舰的舰长。

当“七年战争”打得不可开交时，库克奉命率军舰去加拿大的圣劳伦斯河流域执行抗击法国人的军事任务。库克在加拿大成功地完成了圣劳伦斯河自魁北克至河口航道的测量任务，并绘制成精确的地图。为了躲避法国人的炮火攻击，库克只能在夜间工作，况且还面临着随时可能被打死，或落入法国人的同盟者——印第安人之手的严重危险。

英国皇家海军根据库克的测量结果，先派兵攻占了路易斯堡，后进攻魁北克，从而使英国人获得了在加拿大的这次军事行动的最后胜利。库克担任舰长的那艘船，在哈利法克斯湾停泊了整整一个冬天。当时，库克刚30岁出头，这是他有生以来第一次得到的一点空暇。于是，他利用一切机会进行学习，以弥补自己知识的不足。他学习了几何学和天文学知识。尽管教科书很差，又没有教师指导，但他用心钻研，刻苦攻读，终于掌握了这两门功课。

“七年战争”结束后，库克向皇家海军打报告，要求专门进行海洋探险。不久，他的愿望得到了满足。1762年秋，他指挥纵帆船“格伦维勒”号到纽芬兰，专门对那里的海岸带进行调查。这项任务他完成得很出色，使纽芬兰总督赞不绝口，并再次委托他全面考察纽芬兰至拉布拉多的新航道。1766年，库克根据考察结果，在皇家学会作了纽芬兰的日照、植物生长和人类居住情况的专题报告，引起了轰动，使他成为当时有影响的人物之一。

寻找“未知大陆”

1768年，皇家科学院决定到南太平洋塔希提岛进行金星运行情况的观测，要求海军部派船执行这次任务。观测金星运行，只不过是一种借口，其真正的目的和具体目标是要发现南方大陆，然后把这块新大陆归并于不列颠帝国。皇家科学院没有资金，无力派出探险队，而资金雄厚的海军部，从未把探险队的任务仅仅局限于纯粹天文观测的狭窄范围里。

当时，英国已经控制了大西洋的主要航道，并在印度洋占有牢固的阵地，然而英国人的对手——法国人，并不认为自己已在海洋上最后失败，太平洋还是个空白，其南部水域可能存在一片辽阔的陆地——南方“未知大陆”。1766年，法国人布干维尔率探险队进入太平洋，使英国政府大为震惊。因此，英国海军部的首要任务是阻止其他海上强国占领那块新陆地，并在太平洋的主要航道上设置英国据点或基地，以便确立不列颠帝国在太平洋上的控制权。

海军部很清楚，为了发现南部海洋上的陆地，并把它加以正式占领，新派出的探险队领导人必须是一位富有经验的海军航海家。在许多有影响人物的建议下，库克这位出身贫贱，40岁才晋升到中尉军衔的人担当了这次远航的指挥官。

1768年7月30日，库克亲自选中的一艘三桅帆船“持久”号载着几名学者驶出了泰晤士河口。该船重370吨，配有船员84名，22门大炮。经过8个月的航行，“持久”号到达了塔希提岛。他们从1769年6月3日起，对金星进行了1个月的观察，观测到金星经过日的视面时的全部金相。天文考察结束后，库克按照指令开始在塔希提岛以南的南纬35°～40°之间的海面上探寻南方大陆。

库克与新西兰人交易

南太平洋的秋天，气候非常恶劣，“持久”号经常处在大风浪之中。到达南纬40°后，眼前仍是茫茫大海，没有任何陆地影子。10月7日，库克决定转舵向西航行，次日，在南纬39°31′、东经177°附近驶近一块地图上未曾标出的陆地。而实际上，早在1642年，法国探险家塔斯曼就发现了这块陆地——新西兰，但他当时未弄清这个岛的真实情况，误认为是南方“未知大陆”的北部海角。库克和他的军官与同行学者，经过长时间地激烈争论后，勉勉强强地取得了一致意见，认为他们所发现的这块陆地，就是南方“未知大陆”。

1769年11月15日，库克庄严地宣布，这块陆地属于不列颠的领地。从11月18日至1770年3月27日，库克的航船先后抵达“新陆地”的北端、南端，最终完成了两岛的环航，从而证实了新西兰地区并不是南方“未知大陆”的一个突出角。

弄清新西兰的真面目后，在强烈的探险欲望支配下，库克决定在修船之前到新荷兰（现在的澳大利亚）进行考察。1770年4月21日，“持久”号到达塔斯马尼亚的东南角，然后转向北航行。为了避风，库克把船锚泊在巴塔尼湾，并准备登岸寻找补给品。由于当地土著居民对白人怀有戒心，用棍棒和刀箭来迎接他们，库克只好沿新荷兰东北海岸航行。6月22日穿过澳大利亚东岸附近的大堡礁的危险航区时，船在南纬16°处触上一个暗礁，他们不得不潜入海底，炸掉暗礁，同时抛掉了6门大炮和一批物资，这才避免了一场船毁人亡灾难的发生。他们在出事地点北面不远处，找到一个港湾（现在的库克港），在那里停泊了几个星期，以修复船被暗礁撞穿的漏洞。

从8月4日起，“持久”号再次长途航行，路经约克角时，库克在这个海岛上升起了英国国旗，正式宣布自南纬10°～38°所发现的地区为英国领地，并称之为新南威尔士。

1771年1月15日，“持久”号在爪哇岛附近停泊期间，船上痢疾和疟疾流行，夺走了30余人的性命。其中包括天文学家格林、随船医生和水手长。7月12日，库克回到英国，终于完成了持续近3年的第一次环球航行。回国后，库克将这次航海中获得的稀有动物、植物，如袋鼠等，以及带回来的马奥利人向社会介绍，轰动一时。鉴于这些功绩，库克被晋升为中校。

三次穿越南极圈

库克的首次环球航行证实，新西兰并不是南方“未知大陆”的组成部分。“未知大陆”是否位于新荷兰和新西兰以南的海域？一些航海家在亚南极海域发现的一些陆地，是不是“未知大陆”的某个部分？为了寻找“未知大陆”和完成其他一些任务，贪婪的英国政府又派出了以库克为总指挥的第二个探险队。海军部给库克装备和提供了2艘独桅船，一艘名为“决心”号，由库克亲自指挥，另一艘为“冒险”号，由托拜厄斯·弗尔诺指挥。1772年7月13日，两船驶离普利茅斯港奔赴南大洋。12月10日，库克在南纬50°40′附近的海面上，首次看到了漂浮的冰块。此后，他又遇到一大片浮冰。这时，库克不得不绕道而行，以便尽快深入到极地附近。然而，天不作美，风雪交加，

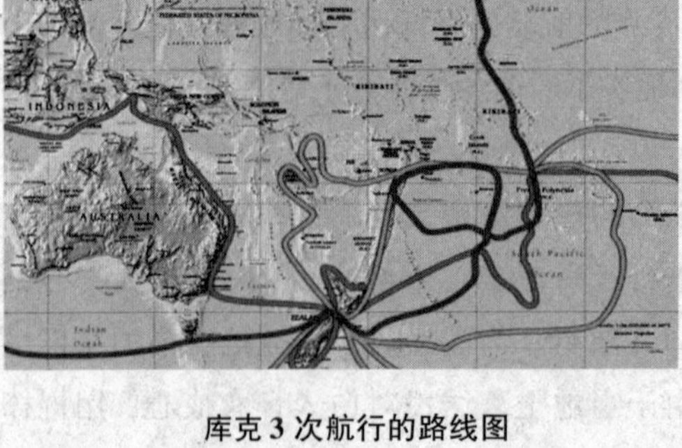

库克3次航行的路线图

浓雾弥漫，航船在冰山之间迂回航行。海浪奔腾翻滚，好像要把整个航船吞没。巨大的海浪高高隆起，有时甚至卷过了这些冰山。

12 月 13 日，“决心”号到达 1739 年法国人布维特发现一个海岛的纬度线上（布维特认为该岛是“未知大陆”的北端）。为了查证这是一个海岛，还是“未知大陆”的边陲，1773 年 1 月 1 日，库克西航至布维特之地的经度，他既没看到海岛，也没发现存在大陆的任何迹象。这时，库克怀疑布维特是否真的看到了那块陆地，是不是一个周围环绕着坚冰的巨大冰岛。于是，他掉转船头向南驶去。

1773 年 1 月 17 日中午，库克的航船在东经 39°35′附近海面上穿过了南极圈，这是人类历史上第一次越过南极圈的航行。由于船遇到了坚冰，库克登上桅杆远望，找不到任何可向南航进的通道，不得不暂时后退。

2 月 8 日，天空晴朗无云，但浓雾迷蒙，结果两艘船走散了。库克在这一海区漂游了两天，也没等到“冒险”号，就掉转船头向东南方向驶去，一直到 2 月 26 日，到达南纬 61°21′、东经 97°的海域。由于坚冰阻拦，库克向北撤退。他在南纬 58°～70°之间的海域一直徘徊航行到 3 月 17 日，库克才决定径向新西兰行进。

3 月 26 日，库克指挥的“决心”号航抵新西兰南海岸的达斯基—萨翁德湾（为了纪念库克的航船在这里停泊过，该海湾被命名为决心湾）抛锚休整。“决心”号在驶离好望角后的 117 天的航程中，未发现任何一点陆地的迹象。到 5 月 11 日，“决心”号驶出达斯基—萨翁德湾。5 个星期后，在查罗塔女王海峡（现在的库克海峡）与在这里等候了 5 个星期的弗尔诺指挥的“冒险”号会合了。

6～7 月，探险队考察了新西兰以东至西经 133°30′、南纬 39°～47°之间的海域，没有发现任何陆地。9 月上旬，探险队访问了社会群岛后向汤加群岛行进途中，路经一个由为数极多的珊瑚岛组成的群岛，礁石和浅滩把这些珊瑚岛屿连成一片，上面无人居住。这个很小的群岛与库克群岛（南部）遥遥相望。10 月 7 日，航船到达汤加，不久，又启程向新西兰驶去。10 月 30 日，因强劲海风的阻拦，两船在库克海峡东部入口处再次走散。此后，两船再未会合，直到返回英国为止。

汤加地区风光

11 月 26 日，库克离开新西兰海岸，向南和偏东南航进。12 月 18 日，大雪纷飞，浓雾笼罩，库克再次越过了南极圈。12 月 23 日，库克在南纬 67°20′、西经 137°20′的海域遇到了一条不可逾越的冰障，再加上伸手不见五指的浓雾，使他暂时停下来。这时，库克命令“决心”号暂向北退到南纬 47°51′处。不久，库克又向南挺进，1774 年 1 月 26 日，他在西经 109°31′处第三次进入南极圈。到 1 月 30 日，库克航行到南纬 71°10′、西经 106°54′附近的海区，即后来被命名为阿蒙森海的海域。这是当时最南航行的纪录，在以后的 60 年间未曾被打破。这里距离南极大陆最近的一个突出角（阿蒙海海边的捷尔斯敦半岛）只有 200 千米了，但是，他却功亏一篑，在此望而却步，终于放弃了马上就要成功的伟大发现。

否定“未知大陆”的存在

库克转舵向北航行，途经复活节岛、马克萨斯群岛、土阿莫土群岛、塔希提岛。在前往汤加群岛途中，发现了有人居住的海岛，称之为萨维兹岛（意为野蛮岛），当地人称它为纽埃岛。库克之所以称该岛为野蛮岛，是因为这个岛上的居民与英国人相遇时手执武器。然而，岛上的居民未曾伤害过任何人，英国人却向他们开枪射击。离开汤加群岛后，库克前往新赫布里底群岛。他在这个群岛南部发现了一些新的岛屿，其中包括该群岛的大岛——塔纳岛。英国人与用棍棒为武器的塔纳岛土著人发生了一场冲突，库克首先开枪射击，见未中目标，就命令开炮轰击，结果土著人死伤各 2 人。经过一段时间后，他们与土著人的关系得以缓和，然而，当英国人在 8 月 19 日离开该岛的前一天，1 个土著人又被他们无辜杀害了。

8 月 31 日，库克环绕圣埃斯皮里图岛航行一周，该岛是新赫布里底群岛北部的一个大岛。这样，库克完成了对这个群岛各岛屿的全部“发现”工作。

11月10日，“决心”号离开新西兰的科拉贝尔港，再次起航朝东南方向行驶，一直行进到南纬55°的海区，然后又径直向南驶去。在南纬53°～56°之间横穿太平洋，考察了火地岛，并有一些新的发现被标在海图上，例如基尔贝尔特岛（以“决心”号船的舵手命名）、库克湾和克里斯马斯海峡等。

1775年1月16日，库克在西经38°30′附近找到西班牙人1756年发现的、英国人亚历山大、达尔斯普尔到过的一片陆地。次日，库克登岸并竖起了一面不列颠国旗，宣布它为不列颠的领地，并以英国国王的名字把它命名为南乔治亚岛。这是一片未经人们开拓的自然条件异常严酷的陆地。经过绕行一周的考察，确认它是一个不大的岛屿。他在朝东南方向眺望时，看到了一片陆地，但很快消失在迷雾中。

1月23日，库克驾船驶向这片“陆地”，然而他新发现的只是一些岩石小岛，于是，他把这些小岛称之为克拉克岩石岛群。

1月28日，船抵达南纬60°4′、西经29°23′处，库克遇到了大量漂游的“冰岛”，船无法前进了，只好转头朝北航行。3天后，他看到了一条海岸，岸边雄伟的高峰直插云端，上面覆盖着白皑皑的冰雪。经过察看，库克认为，他所发现的海岸线或许是一个岛群，或许是南方“未知大陆”的边陲，所以他把这片陆地称为桑威奇地，其最北端位于南纬57°，最南端位于南纬59°13′。库克把最南端称为南图勒，因为这是人们发现的最南面的一片陆地。他在2月6日还未探测完桑威奇地就已假想这片陆地可能是南方“未知大陆”的一个突出角。

短促的南极夏季快要结束了，于是库克调整航向朝东北方向航行，经开普敦，于1775年7月29日回到英国，结束了为期3年零17天的第二次环球航行。

库克在《南极与环球航行》一书中，自豪地对他的南极航行作了这样的总结：

“我在高纬度绕过了南半球的海洋，以此方式完成了这次航行，因此绝对否认那里有存在大陆的任何可能性，即使大陆可能存在，那也只不过是靠近极地的无法到达的地方……南极大陆的探索就此暂告结束，尽管这个大陆200

余年来始终为一些海上列强所注视，并一直是地理学家最喜欢讨论的对象……我不想否认，在靠近极地可能有大陆或陆地存在，恰恰相反，我坚信，那里有这样的陆地，而且我们已经看到了它的一部分（桑威奇地）……它只能是全部被冰雪所覆盖的极寒之地，那里没有禽兽的良好栖身之处，更没有一点阳光和温暖……至于更靠南的陆地是什么样子，就可想而知了……如果有人在解决这个问题上企图表现自己的决心和毅力，深入到南方比我更远的地方，我将不妒忌他的发现，这不会给世界带来丝毫利益。”

库克在该书中还断言：“南方可能存在的那些陆地，永远也不为人们所能考察和得知。”

孤岛上结束了一生

库克由于探险考察成就卓著，被英国皇家学会正式接纳为会员，并荣获“科普利”金质奖章；同时，皇家海军晋升他为上校舰长。

美丽的夏威夷就是库克结束一生的地方

库克的第三次航行主要目的在于寻找北部航道。1779 年 1 月 16 日，库克发现了夏威夷群岛中的最大岛屿——夏威夷岛。这个大岛位于北纬 20°线以南。根据库克的日记和他的同伴们的回忆材料，夏威夷的居民把库克当做神一样来崇拜。他刚走上岸，许多土著人就向他叩拜，然后跟在他身后爬行。祭司们郑重其事地把库克领进神庙，并把他介绍给其他偶像神。库克亲吻了一下偶像神，并同意土著人在他的身上涂馥郁的香油和戴上鲜花编织的帽子。1 个月的时间里，这种仪式举行了多次。然而，对信奉宗教的土著人来说，伺候夏威夷岛上的这位新神要比老神难得多，因为库克要求更多的东西和贡品来养活他的船员们。库克曾多次违犯了严格的宗教禁忌条款，按当地的规定是要处死刑的，但是，土著人忍让了，因为他们认为库克是一位长生不老的活神。

2月13日，船上的一件东西被偷，由此引起了英国人和土著人的冲突，一个英国士兵用船桨向土著人的一个酋长头部猛击，那酋长当即昏迷不醒。这时，一群土著人向这个士兵扔石头表示抗议，但当酋长清醒过来后，立即制止了这种贸然行动。当天夜里，一些土著人抢走了探险队的一只小艇以示警告，但库克认为冒犯了白种人的尊严，于是下令抢走了土著人停泊在港湾里的全部船只。次日早晨，库克带了10人登上海岸，逮捕了老酋长及其儿子们，把他们带到一条小船上。此时，船员们开枪射击一只正在撤离的土著人的小船，并打死了一名酋长。成群结队的土著人丢下自己的妻子儿女，携带着弓箭和石块，紧跟酋长准备随时进行战斗。库克开枪打死了一个土著人，英国军官用枪托打死第二个人，库克接着又击毙第三个土著人。这时，土著人一拥而上，把库克一伙团团围住，双方展开了一场激战。库克当场被打死，一些船员也被打死打伤。就这样，这位航海探险家在远离祖国的孤岛上结束了他的一生，当时他年仅52岁。

库克晚期

南极大陆发现之争

帕尔默雾海奇遇

纳撒尼尔·帕尔默于1800年出生于美国康涅狄格州的斯托宁顿。他的父亲是一个造船工。帕尔默的航海生涯始于美英战争时期，当时他仅12岁，在一艘船上干活，一直到1814年战争结束。然后，他受雇于新英格兰的沿岸贸易公司。19岁时，他成了一艘斯库纳纵帆船（两桅或三桅的纵帆船）的船长。

几个月后，当谢菲尔德船长率领“赫西利亚”号船驶向南设得兰群岛时，年轻的帕尔默担任二副，尽管在此之前他从未在深海中航行过。这次航行长达10个月，从1819年7月至1820年5月21日。

1820年，帕尔默受命指挥“英雄”号单桅纵帆船，作为“赫西利亚”号的供应船。整个船队共8艘船，航行的目的地还是南设得兰群岛。这次航行延续了10个月。

帕尔默有一颗充满幻想的头脑。他离开美国时以高价买了一份世界地图，仔细端详南方的一片未知地方，并且相当自信地对人说：“那里不仅有海豹，而且还有黄金。”但遭到了周围人的嘲讽。于是帕尔默就在人们的嘲笑声中兴致勃勃地驶向南方，但是严峻的气候使他很快清醒了头脑。不要说黄金，连海豹都没见到几只。他的“英雄”号船在茫茫的大洋中徒劳地游逛了近1个月，几乎一无所获。

1个月黑风高的深夜，他突然惊呼起来，命令船员加速向南行驶，因为上帝在梦中对他说：前面有个大的海豹猎场。

船员们对他的怪异行为早就习以为常，在哄笑一阵之后，扯帆急行。淡淡的晨雾中出现一片模糊的黑影。帕尔默大喊：“海豹，海豹！”

船离黑影越来越近了，但帕尔默顿时目瞪口呆了，因为那些黑影根本不是成群的海豹，而是一片荒凉无比的陆地。

船员们大失所望，但帕尔默的黄金梦在他的脑袋里复活了。他兴奋异常，让船靠岸登陆，在冰雪之中挖掘了几天，只刨出几块普普通通的石头。船员们再也忍无可忍了，大吵大嚷要求返航。帕尔默答应了，但提出，在返航之前上岛的最高端遥望一下。

船员们默默地跟随在他后面费力地爬上一座高峰。帕尔默举起单筒望远镜环顾着四周的海洋。当镜筒朝向南方时，他失声叫了起来：“啊哈，那里就是埋藏黄金的地方。”

单筒望远镜从他手里传给将信将疑的船员们，他们大吃一惊，因为在镜简里出现一片连绵逶迤的山岳地带，并且有着更厚的冰层和更苍凉的景色。帕尔默哈哈大笑："我们到那儿去宣布该地属美国所有，政府不就会给我们黄金了吗？这不是比猎杀海豹更能发财吗？"

船员们再次听从了帕尔默的指挥。他们登船起锚，并且把一面皱巴巴的美国国旗洗净熨平，准备举行仪式时使用。

这时，浓雾从南边的海面上飘来，"英雄"号立刻不辨东西，只好随风漂泊。浓雾弥漫了半个多月，船也不知到了什么地方。有一天，急不可耐的帕尔默无意之中拉响了汽笛，岂知在浓雾中传来了回音，他认为前面就是陆地了，让船员们作好登岸的准备。接着他又拉响了汽笛，果然又传来了回音，他们抛锚停航，等待雾散。

雾果真及时地散了，简直是不可置信的，"英雄"号面对的根本不是大陆，而是夹峙在两艘大帆船中间。帕尔默赶紧下令挂起美国国旗，与此同时那两艘大帆船也分别挂起了俄国国旗。

俄国船派了一艘小艇到"英雄"号邀请帕尔默到他们的船上作客，这时他才知道他们是沙皇亚历山大一世派遣的别林斯高晋领导的南极考察船。帕尔默的"英雄"号和别林斯高晋的船队竟然在冰山不绝、荒无人迹的南极海相遇，真是不可思议。

在俄国船的宴会上，帕尔默为他的发现守口如瓶，别林斯高晋也讳莫如深……时隔 100 年之后，谁第一个发现南极大陆却成了悬案：今天的大多数美国的南极研究者都认为，功绩属于帕尔默；但俄罗斯的学者却确定，别林斯高晋的航海日志表明，他已经记载了南极半岛；至于英国，则坚信首先发现权应归于布兰斯菲尔德，因为他在 1820 年曾绘制过南设得兰群岛的地图。

别林斯高晋和拉扎列夫

法捷依·法捷耶维奇·别林斯高晋出生于 1779 年，早年当过水兵。1803—1806 年，他在伊·费·克鲁逊什特恩指挥的"希望"号船上参加过俄国的首次环球航行探险。当俄国政府着手组建南极探险队时，拨给这个探险队两艘航船——"东方"号和"和平"号，并任命在 1803—1806 年担任"希望"号船大副的环球航海家马卡尔·伊凡诺维奇·拉特曼诺夫为南极探险队的领

别林斯高晋

导人。但是，1819 年拉特曼诺夫指挥的一艘船在从西班牙返回俄国的途中，不幸在丹麦的斯卡晏角遇难，病魔缠身的拉特曼诺夫被送到哥本哈根城医治。这时，彼得堡传来了新的任命。由于染病在身，他拒绝了新的任命，并向指挥部推荐别林斯高晋海军中校，结果别林斯高晋被任命为“东方”号船（900 吨）的指挥官和南极探险队的领导人。

米哈依尔·彼得洛维奇·拉扎列夫出生于 1788 年，在 1803 年作为志愿兵被派往英国，在英国舰队里服役。他曾在大西洋海域航行多次，甚至到过安的列斯群岛。拉扎列夫回国时已成为一名技术高超、表现出众的航海家了。波罗的海的著名探险家列·瓦·斯帕法耶夫看中了这位年仅 23 岁的海军中尉，并竭力推荐他担任俄罗斯美洲公司的“苏沃洛夫”号航船的指挥官。拉扎列夫中尉没有辜负人们对他的信赖，圆满地完成了抵达美洲地区海岸的环球航行任务。在这次航行中，他在南纬 13°10′、西经 163°10′附近海域发现了由 5 个珊瑚岛组成的岛群，以他的航船的名称把这个岛群命名为苏沃洛夫群岛。航船于 1816 年 7 月中旬胜利回到喀琅施塔得港，这次环球航行历时 2 年零 9 个多月。拉扎列夫被任命为“和平”号船（500 吨）的指挥官。

接近南极大陆

根据俄国海军部的指令，别林斯高晋和拉扎列夫率领的探险队的主要任务是：在南极地区最近的地方进行发现航行，以便获得有关我们这个星球的最新知识。此外，海军部还特别指示他们，只有在碰到不可克服的困难的情况下，才可放弃这种努力，而且还要观测某些可能对俄国海军行动有价值的情报。

1819 年 7 月 16 日，别林斯高晋指挥“东方”号和“和平”号离开喀琅施塔得港，朝大西洋驶去。同年11月，到达南美巴西首都里约热内卢，经过补给后，向南航行，这两艘靠风驱动的帆船，驶入南纬40°，受到第一次重大考验。因为在南纬40°～50°之间的洋面上，不停地刮着猛烈的西风，有时掀起20多米高的巨浪，像山峰一样压向甲板，即使现代化的大轮船经过这里时，要想睡个安稳觉，不是用木板将身体夹住，就得用布带把身体捆在床上。人们通常把这股强劲的西风称作“抢劫的西风”，把西风所处纬度称作“咆哮的40°”、“发疯的50°”。“东方”号和“和平”号经过艰难的航行抵达南乔治亚岛，他们在12月28—30日考察了这个海岛的南部海岸。在此，他们发现了一个小岛，并以“和平”号船上的军官阿宁科夫的名字命了名。

然后，“东方”号和“和平”号离开南乔治亚岛向东南行驶，别林斯高晋想找到桑威奇地的最北部分。当年库克仅从西部对这一发现作了调查，但没有确定它究竟是一连串海岛，还是南方“未知大陆”的北端半岛。“东方”号沿其东海岸航行，找到了库克的疑问的答案。别林斯高晋在库克发现的坎德尔马斯群岛以北发现了3个小火山岛屿，并分别以“东方”号的三位军官的名字命名，它们是列斯科夫岛、托尔松岛和扎瓦多夫斯基（别林斯高晋的主要助手）岛。这三个岛与库克发现的桑威奇地，构成了现今的南桑威奇群岛。1820年1月3—18日，别林斯高晋对该群岛调查后指出，它不是南方“未知大陆”的一个半岛。

南桑威奇群岛上的企鹅

俄国人首次确定了南桑威奇群岛与南大洋中其他岛屿和礁石之间的联系，指出这里存在一条海底火山带，它位于南纬53°～60°之间，并在大西洋西部海域延伸2500多千米。“和平”号船的一名军官诺沃西尔斯基写道：“现在，人们已经清楚地看到，从马尔维纳斯群岛开始，连绵着一条海底山脉，这条山脉突出于海面的礁石岛有：阿夫诺拉岛、南乔治亚岛、克拉尔科夫礁、特拉维尔塞群岛、斯列捷尼亚群岛和桑威奇群岛。毫无疑问，这是一条火山山脉，扎瓦多夫和桑威奇岛上冒着浓烟的火山喷口，就是最明显的证据。”

这是一个重大的地理发现，这条海底山脉现在被称为南大西洋海底山脉。

1820 年 1 月 15 日，一个少有的晴天，两船驶抵南图勒，即离极地较近的一块小陆地，它是库克发现并命名的。他们看到，这块陆地由 3 个高耸的岩石岛屿组成，岛上覆盖着永不融化的冰雪。诺沃西尔斯基道出了同伴们当时的心情，他在次日写道：“看来，在图勒以南也许还有一些新的海岛，也可能会存在一块大陆，假若不是这样，为什么会有这么多冰块产生？桑威奇群岛和向北延伸的岛屿离新的海岛或新的大陆不会十分遥远。”

“东方”号和“和平”号从东面绕过一座冰山之后朝东南方向前进。1 月 26 日，两船首次越过南极圈。2 天后，拉扎列夫写道：

毛德皇后地景色

“我们像幽灵一样到处徘徊了 1 个多月后，行进到南纬 69°23′，在这里遇上了一座极大的冰山，正当顺风时，我们爬到桅杆顶上向前眺望，只能看到这座冰山的模糊不清的边缘。这个奇异的庞然大物，在我们眼前只出现了不长时间，然后就隐藏起来了，原因是此时天空顷刻变得灰蒙蒙的，并且下起了鹅毛大雪。这是我们在西经 2°35′附近海区所看到的一切。从此出发，我们继续向东行驶，同时尽一切可能向南推进。途中遇到一座又一座冰山，我们未能到达南纬 70°就停止不前了。库克给我们提出的这项任务，使我们不得不冒着生命危险向南航行，或者像人们常说的‘不致丢脸’才进行这样的航行。”

在这段航行中，两船共 3 次穿过南极圈。2 月 2 日，他们到达本次环球航行的最南位置——南纬69°25′、西经1°11′。但他们没有发现南面53海里的毛德皇后地海岸。120年后，挪威的捕鲸者曾经到这段海岸，并把它命名为现在的名字。

“东方”号和“和平”号企图从东面绕过这些无法逾越的冰障。这年的南极夏季，俄国帆船在2月21日和25日分别在东经19°和41°穿过南极圈。但是，和第一次一样，未能向南推进到更远的地方。

杰克逊港也就是现在的悉尼港

短促的南极夏季即将结束，严酷寒冷的冬季逐渐逼近。“东方”号和“和平”号根据事先计划暂时分开航行。“东方”号沿库克航线以北3°航行，“和平”号沿弗尔诺航线以南3°航行，为的是调查库克与弗尔诺于凯尔盖朗岛附近分手后航线之间的海域。别林斯高晋希望重新找到皇家公司岛。据说西班牙的拉费洛发现过该岛，并由阿罗史密斯把它绘制在海图上，其位置是南纬49°30′、东经143°4′，但是，该岛并不存在。经过近1个月的航行，“东方”号于4月11日、“和平”号于4月18日抵达澳大利亚的杰克逊（悉尼）港。

对亚历山大一世地的发现

在杰克逊港停留了1个月以后，“东方”号和“和平”号到太平洋热带水域进行了大规模的调查。航行到土阿莫土群岛时，他们发现了一些有人居住的珊瑚岛，并以1812年卫国战争时期的国务活动家、军队统帅和舰队司令的名字分别命名了这些位于土阿莫土群岛的中部和西部岛群之中的岛屿。别林斯高晋把它们统称为罗西扬群岛。俄国人在热带太平洋调查后回到杰克逊港。

10 月 31 日，两船离开杰克逊港向南行驶，朝着库克未曾到过的新西兰以南的高纬度区前进，再次向南极冰雪大陆进发，途经位于南纬 54°37′、东经 158°51′的马阔里岛。他们在向南推进的过程中，开始时航行情况正常，一切都十分顺利，但是到 12 月中旬，他们遭到一场强风暴的猛烈袭击，天昏地暗，60 米以外的冥冥之中几乎什么也看不清，强劲的阵风卷起了恶浪，浪头像小山一样高。

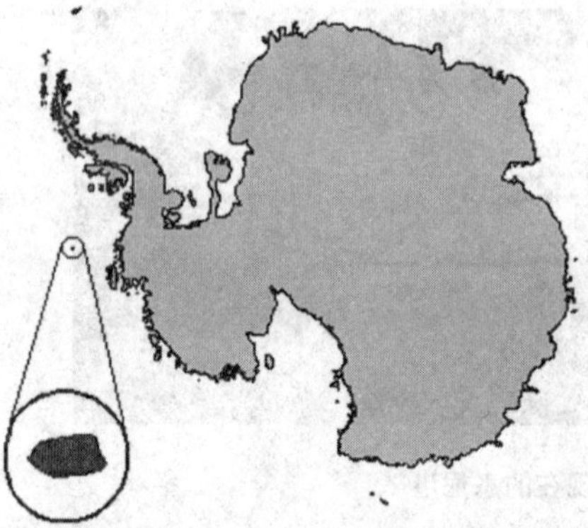
彼得一世岛位置

在这次航行过程中，他们曾 3 次越过了南极圈，其中 2 次航行到离南极大陆很近的地方。第三次向南航行时，陆地的明显迹象呈现在他们的面前。1821 年 1 月 22 日，探险队的帆船已行进到南纬 69°22′、西经 92°38′。在此，他们遇到了冰障，不得不再次退回来。俄国人继续向东航行，几个小时后，他们终于看到了海岸线，并且以俄罗斯舰队的创始人彼得一世的名字命名了这个新发现的海岛。

由于冰情严重，他们无法接近彼得一世岛，沿着冰缘继续航行。在 1821 年 1 月 28 日这天，天空晴朗无云，俄国人从两艘船上均望见南方有一片地势很高的陆地。从“和平”号船上望去，他们看到的是一个高耸入云的海角，一条狭窄的地峡把它与一条不高的山脉联结在一起，山脉是向西南延伸；从“东方”号船上望去，他们看到的是一条山岳的海岸线，岸上覆盖着厚厚的白雪，然而，山崖和峭壁上没有积雪。别林斯高晋把它命名为亚历山大一世海岸。

俄国人发现这片陆地后，过了 125 年，龙尼领导的美国探险队考察了这个地区，从而确认这里有一条又长又窄的海峡——乔治六世国王海峡（长约 500 千米），它的北端终止于绍卡利斯基海峡，西端终止于龙尼湾。这条被冰封冻的海峡，把新发现的陆地与南极大陆截然分隔开来，亚历山大一世地，就是现在的亚历山大一世岛。别尔格在日记中这样说：“尽管还没有最终证实

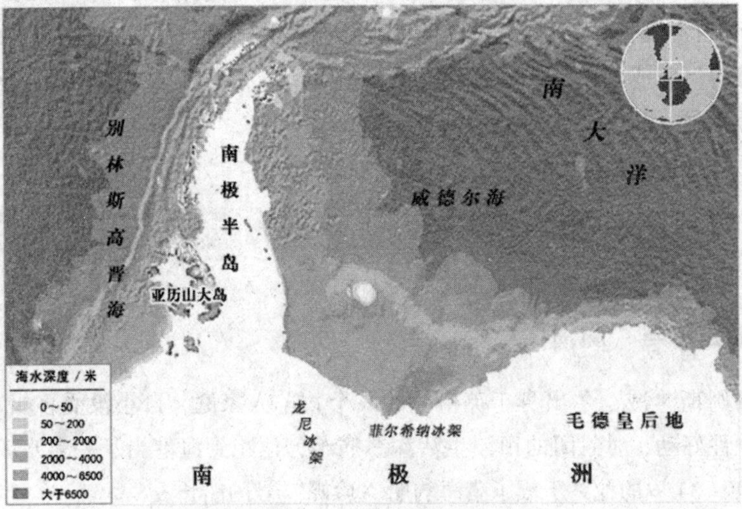

亚历山大一世岛及别林斯高晋海

亚历山大一世地是大陆的一个组成部分还是一个大岛，但即使这是一个海岛，它也与大陆比较靠近。"

亚历山大一世地位于南纬 69°～73°、西经 68°～76°之间。由于附近的水冻结成厚厚的冰层，俄国的航船无法冲向该地的陆岸边缘。别林斯高晋在这个新发现的陆地北面绕过一座冰山，向东驶去了。他穿过太平洋最东南部的海区——现在这个海被称为别林斯高晋海，然后驶进德雷克海峡，以便在这条海峡里寻找 1819 年 2 月 19 日英国海豹捕猎者威廉·史密斯发现的新设得兰地（现在的利文斯顿岛），史密斯当时把它误认为是南方大陆的一个突出角。俄国探险队考察了这块陆地，并证实它是一个群岛，位于雷德克海峡东北偏北约 600 千米的海面上。他们还以俄国卫国战争时期及以后反对拿破仑一世而进行多次远征的将士们的名字命名了南设得兰群岛的诸岛。

1821 年 2 月 11 日，当别林斯高晋发现"东方"号帆船若不大修就无法在高纬度海区航行时，他决定掉转船头向北航行。在南设得兰群岛附近，俄国人见到了美国"英雄"号捕鲸船船长帕尔默，后来，美国学者以此为主要依据，说帕尔默是第一个看到南极大陆的人。"东方"号和"和平"号于 1821

年 8 月 5 日回到喀琅施塔得港。两船在历时 751 天的航行中，其中有 527 天是在张帆航行，两船从未出现违背指挥官意愿而分离航行的情况，他们在南纬高纬度海区完成了一次环球航行的使命。整个航程中仅失去 2 个人，返回时无一重病号。

寻找南磁极的竞争

威德尔与“魔海”

詹姆斯·威德尔出身于英格兰的一个牧羊人家庭，自小没受多少教育。由于生性好动，对封闭的田园生活深恶痛绝，他跑到海港当了一名水手。到 1821 年，34 岁的他终于成了猎海豹船“珍妮”号的船长。

这一年，他的运气极好，在南极海域捕获了不少海豹，使他发了一笔小财。

1822 年，他再度驶向南方，希望能有更大的收获。他在驶往南奥克尼岛时已经喝得酩酊大醉，登陆休整时，更是长睡不醒。他的助手库珀·休斯林多次劝他早一点起航，以免错过捕猎季节，但他总是摇头，不置可否。

除了休斯林，威德尔手下的船员也都是些不通文墨的粗汉子。他们在南奥克尼岛上狂食滥饮，也乐得其所，似乎早就忘记时间在一天天消逝。

一天晚上，威德尔难得清醒过来，他点了下库房的金钱，已经所剩无几，这才大吃一惊。他抬头看看日历，原来已到 2 月 19 日了。威德尔冷汗直冒，连忙派休斯林把在岸上喝得烂醉的船员拖了回来。接着拉响汽笛，起锚急急向东南飞驶。

南大洋的劲风冷得让人难以忍受，但威德尔胸有成竹，因为这一带海域对他来说真是轻车熟路。只是，南半球的冬季已经逼近，老海豹捕猎场除了密布的流冰之外，见不到一只海豹。威德尔忧心如焚，束手无策。

在这种情况下，除了继续向南寻找新的海豹捕猎场之外，别无他法。

威德尔命令船只往南行驶。越往南流冰越多，而绿色的海水也变成恐怖的深蓝。除了偶尔在冰缝中迅速北游的鲸鱼之外，连海豹的影子都没见着。

“珍妮”号在大风雪中开开停停，远处传来大冰山巨响的爆裂声，让人听了不寒而栗。船员们已经失去了信心。

“珍妮”号处于叛乱的前夕：一边是执意孤行的威德尔船长，一边是愤恨不已的船员。双方各不相让，争斗一触即发。

威德尔面临众叛亲离的局面，简直一筹莫展，就在船长室喝闷酒。这时，门轻轻地打开了，走进了他的惟一亲信休斯林。一阵悄悄地耳语之后，威德尔铁板般的脸上绽出了一丝笑纹。

第二天，全体船员被威德尔召到甲板上。他先威严地逐个审视一张张狐疑的面孔，然后慢腾腾地从怀里掏出一张羊皮纸，递给站在旁边恭候的休斯林。休斯林清了一下嗓子，严肃地宣读：

“兹命令威德尔率‘珍妮’号驶向南极，以完成大不列颠王国的光荣使命。”

船员们目瞪口呆，个个凑上前去瞅那张羊皮纸，只见在两三行正正规规的文字下面，有一个花体字的签名。是伊丽莎白女王陛下的旨意，还是英国政府的决定？对着船员们的纷纷提问，威德尔一言不发，只是指指南方的海域。说来也怪，原先阴霾的天空少见地出现了金灿灿的阳光，而海面上一直密布的流冰群向两旁避开，形成一条宽敞的水道。

以威德尔命名的威德尔海

威德尔大喊：“全速前进，这是上帝的恩赐。”

船员们顿时意气风发，各就各位，将船从水道中向南驶去，直到被巨大的冰架挡住前路才返航。

返航前，他们挂起了英国的国旗，同时轰响礼炮，以庆祝他们的新纪录：南纬 74°15′，比库克的那次航行更接近南极点 380 千米。

威德尔虽然没捕到一只海豹，但归国之后受到了英雄般的款待，而地理学家也把他凭假诏书闯荡过的海域，称为“威德尔”海。这个威德尔海由于严寒、冰山、风暴，常常险象环生，又被称为“魔海”。

为“法国的荣誉”的迪尔维尔

1831年，詹姆斯·克拉克·罗斯发现了北磁极后，德国的大数学家卡尔·弗里德里克·高斯预言：与北磁极相对应，在南方有个南磁极，它的位置应该在南纬66°，东经146°。

路易·菲利浦国王

在1838～1843年间，先后有3个探险队被派去寻找这个南磁极。第一个探险队是由法国派出的。当时的法国国王是路易·菲利浦，他得知英国准备南磁极的考察计划后，为了“法国的荣誉”，立即命令已经前往南太平洋巡航的军舰改向，抢在英国前面去寻找南磁极，并任命迪蒙·迪尔维尔为探险队队长。

迪尔维尔接到命令之后，真是啼笑皆非。因为在1837年9月从法国起航时，他的“宇宙”号和“杰雷”号的计划中的航线是热带海域，那里是赤道无风带，所以这些船的船体构造及装备根本不适于在冰厚浪高的南极海考察。但是国王的命令是不可违背的，他只能勉为其难地进入了南大西洋。

果真，迪尔维尔顿时遇到了麻烦，巨浪使船体左右摇摆达60°，有好几次几乎倾覆于海底。两艘船的窗口太宽，本来是用它来浏览赤道旖旎的风光的，现在却造成了灾祸，冰冷的海水像瀑布似地直扑进来。

迪尔维尔虽然对南极并无浓厚的兴趣，但在生死存亡的关头，依旧身先士卒，历尽艰难和险阻，进入了威德尔所吹嘘的“除了他以外无人能进入的魔海”。这时已是1838年1月，正是南极考察的黄金季节，为了打破威德尔南进的纪录，他向南继续挺进。

魔海出奇的平静。迪尔维尔踌躇满志地站在甲板上，正眺望着蓝天中高高飞翔的海鸥，突然发现远处有一片朦胧的白影迅速地迎面而来。接着，大风带着尖利的呼啸从高空刮过，乳色的浓雾从海面升起，把迪尔维尔裹进一片白茫茫之中，海浪又开始咆哮了，他生怕他的船队遭难，下令“宇宙”号和“杰雷”号每隔30分钟发射一枚炮弹，并且不断地猛撞船钟，以保持相互间的联络。

在浓雾中船只慢慢向南。但是到达南纬63°39′的地方时，层出不穷的流冰横亘在他们的前面。迪尔维尔血气方刚，他认为流冰奈何不了他，就决定设法寻找向南的水路。他们沿着冰缘一路探索，走走停停，经历了不少交替着的希望和失望，花了2个月的时间，才明白他们的处境：他们的所有努力仅是在冰海边缘作些无益的徘徊而已。

寒冬眼看着要堵住他们的后路了。迪尔维尔退却了，他撤到了北方。在1838年的下半年和1839年的上半年，依照最初的计划，一直在赤道附近巡航。正当他想归国的时候，路易·菲利浦的第二次命令下来了，他严厉地斥责迪尔维尔，要他无论如何把法国的国旗第一个插上南磁极。

迪尔维尔在塔斯马尼亚岛的霍巴特稍事休整后，于1840年元旦再度起航向南前进。皇天有眼，船行驶了不久，到了1月19日，迪尔维尔眼前豁然开朗，人类期盼已久的南极大陆本土忽地出现在面前。迪尔维尔激动得热泪盈眶，透过濡湿的双眼看着巍巍的山崖从东向西伸入一片无垠的云天，而山崖的低洼处，则是白色纯洁的雪原，近处几堵冰山正在离岸向大海缓缓漂去……

迪尔维尔拿出手帕擦着眼睛，手帕使他想起他的妻子在3年前港口送别时的泪眼。于是他毫不犹豫地把面前的这块陆地命名为“阿德兰地”——阿德兰就是他妻子的名字。

迪尔维尔派一艘小艇去登陆，但眼前全是陡峭的冰的断崖，根本无法靠岸。他们经过整整一天的努力，才千辛万苦地爬上了“阿德兰地”附近的一块小岛。成群的企鹅不慌不忙地看他们插上法国国旗，迪尔维尔便把这些友

阿德兰企鹅

好的企鹅也命名为“阿德兰企鹅”。

现在，迪尔维尔就剩下寻找南磁极的任务了。根据指南针的显示，他测知南磁极就在他们不远的东方，就下令船队向目的地前进。

南极的大雾说来就来。“宇宙”号和“杰雷”号行驶不久就陷入一片潮湿的混浊之中。他们沿袭老方法，每隔30分钟就发射一枚炮弹，小心翼翼地寻索着航行。

1月29日，在“宇宙”号的瞭望台上，突然发出一声惊呼。迪尔维尔闻声疾步跑出船长室。在前方的不远处，赫然出现了一艘军舰。他惊魂稍定之后，就命令“宇宙”号向那艘军舰缓缓靠近。但对方却相反，不作任何表示，只是同样缓缓地回避，最后在浓雾中消失了。迪尔维尔除了依稀辨出那条船的船尾上有一面美国旗外，别的一无所知。

没过几天，浓雾散了，但周围挤满了冰山，船队再也无法前进了。迪尔维尔趁在南极海封冻之前，下令返航归国。

美国人的无功而返

与迪尔维尔相遇而又逃之夭夭的军舰是美国的“波波依斯”号。舰长是查尔斯·威尔克斯。他率领的美国探险队是在1838年8月从弗吉尼亚州出发的。在他与迪尔维尔邂逅之前，已经沿南极冰缘航行了2800千米，他误以为法国船的靠近无非是想获得他来之不易的极地资料，所以采取了避而不见的举动。

查尔斯·威尔克斯的探险船队是美国政府第一次有组织的大规模探险活动。船队包括3艘军舰和2条补给船，虽然庞大，却是所有前往南极大陆的探险队中航海装备最差的一支，全部船只都不适于极地活动。

三艘军舰——“文生尼斯”号、“孔雀”号、“波波依斯”号全都没有御寒的特殊设施，而四方形的大炮窗，对于南大西洋的巨浪来说，未免太宽了些。至于另两艘补给船，比太平洋诸岛土著的独木舟大不了多少，载货量小，速度极慢。所以军舰常常不得不停下来，在大洋中漫漫无期地等待补给船的到来。

威尔克斯是个非常严厉的指挥员，脸部肌肉僵硬，几乎从来没有任何表情，但稍不如意便会大发雷霆。终于有一次，当补给船晃晃悠悠出现在海平线上时，他命令发射了一发炮弹。炮弹在补给船船尾激起一股水浪，船长吓得一头大汗，但也无济于事，补给船依旧慢慢腾腾地行驶。

威尔克斯顿时火了，决定补给船就此回国，以免误了他的行程，他的行为引起了水兵们的喧哗，但威尔克斯不为所动。他知道，他承担的任务极其重大，面对着严酷的环境，必须以同样严酷坚定的态度去应战。所以他把几个为首吵闹的水手遣送回国，然后下令船队开拔。

船队在火地岛的奥伦奇港稍事休整后，便分道扬镳。

威尔克斯乘坐“波波依斯”号向威德尔海挺进，但那海的冰雪状态，比威德尔所描述的更加险恶万分，所以几经周折也没有前进一步。

而“文生尼斯”号和“孔雀”号则循着库克的航线向西推进到了西经105°。他们准备转头向南的时候，冰层重叠，根本无法到达库克曾到过的南纬71°10′的位置。

1839年5月，正值南极的冬天，威尔克斯的船队返回温暖的水域。7个月后，船队再度进入南极地区。当他们看到一个冰雪覆盖的小岛时，禁不住欢呼起来。但好景不长，他们继续向西行驶不久，一声巨响，“孔雀”号夹头夹脑撞上了一座冰山。“孔雀”号很快沉没了，船员们纷纷吵着要求返航，但威尔克斯一出现在他们面前，立刻鸦雀无声了，默默接受了他绝不动摇的命令。

威尔克斯确信，只要他坚定不移，就一定能抵达大陆的沿岸。一座巨大的几乎望不到边的冰山挡在他的面前，船员要求回避，威尔克斯却下令设法从冰山的裂缝中插过去。犬牙交错的冰凌擦得船体“格格”直响，让人毛骨悚然。他成功了，在1840年的1月底，船终于开出冰缝，一片浩瀚的冰架出现在他们的面前。他们惊喜地看着冰架上的海豹、海象，而在冰架的尽头，几座裸露的棕色山峰直上云天。

威尔克斯登上了岸，举行了简单的仪式，便继续出发寻找南磁极。也许就在这时，他遇上了迪尔维尔的法国探险船。但威尔克斯躲开了，让船顺着南极大陆沿岸艰难地行进。这时，船员们的身体状况极差，稍一动弹就气喘吁吁，死人的事也时有发生。船的装备接近原始，气候的寒冷使缆绳结成了冰堆，而甲板由于冰层变得又厚又滑。船舱更是寒碜，十几个人挤在一间房里相互以体温取热，单薄的衣着使他们不敢到露天作业。

2月中旬，他们再也无法穿过面前的冰河了。面对着船员们菜色的脸孔，威尔克斯终于从牙缝里挤出了返航的命令。

3月中旬，他们脱离了冰山，来到了碧蓝的海域。在温暖的夜风中，威尔克斯召集起全体船员，眼里噙着泪珠，感慨万千地说："非常遗憾，我们没寻到南磁极，但美利坚合众国会感谢我们这次伟大的航行。"他的脸上第一次浮出了宽慰的笑容。

罗斯出征南极

1839年，英国派出极其能干的詹姆斯·克拉克·罗斯领导的探险队前往南极寻找南磁极。在这以前，他是发现北磁极的第一人。罗斯极为兴奋，因为，如果如愿以偿，他便能建立不朽的功勋。

罗斯的出发要比法国人和美国人晚得多。但事实证明，晚有晚的好处，当他在霍巴特作短暂的停留时，听到了迪尔维尔发现"阿德兰"地和威尔克斯沿着"很美的海岸线"的一些情况，从而使他改变了航向。

罗斯的另一个优越的条件就是他有丰富的极地探险经验。他坚决摒弃以往的华而不实的外形，特地设计出一种形状古怪丑陋的船只，船体不大，而且航速也慢，但由于构造结实，又有预防漏水的隔板，甲板也比其他船只厚了许多，所以适合在冰海中长期航行。

罗斯是个头脑清晰的探险家。他既不像迪尔维尔那样优柔寡断，也不像威尔克斯那样冷酷无情，他相信这一点：在环境险恶的极地航行中，最重要的是全体探险队员同舟共济的精神，有了这种精神，探险才会获得成功。基于这点认识，所以他极其关心船员的生活。他替他们装备了足够的御寒衣服，并且大量采购了当时的最新食物产品——肉类和蔬菜类罐头。而在以前，船员充饥的是咸腊肉和饼干，因此时间一长便患坏血症。现在有了易于保存的罐头，不仅保证了船员的营养，而且也使漫长的航行生活不至于过分单调。

这一年的11月12日，罗斯指挥“艾尔帕斯”号和“泰拉”号从霍巴特出发。虽然不久就遇到了极为凶险的流冰群，但他镇定自若，他知道自己选择的航线最容易靠近南极大陆的海岸。船员们也充分信任罗斯，对他在流冰群的来回穿梭并无半点异议。在流冰的不断撞击之下，罗斯设计的小而结实的探险船显示了它的优越性，它甚至在被流冰抬起之后，又能从冰面上安然无恙地滑入海中。所以船员们以一种轻松的口吻称“艾尔帕斯”号为“海豹”，称“泰拉”号为“海象”。

过了将近2个月，船只才通过流冰带进入水面。船的前方是一片浑然无物的茫茫水雾，而陆地依旧是一个难以捉摸的谜。

1841年的1月11日晚上，在阳光西斜的南极白夜下，出现了一道险峻的山影。船员们蜂拥上了甲板，抬起了罗斯，一边欢呼：“看哪，南极大陆!”是的，那确实是被积雪和坚冰覆盖的南极大陆，只在高高的山岭顶端，才露出灰褐色的岩峰。这些岩峰高达二三千米，在相邻的挺拔的岩峰间，是平滑的“U”形的谷地，那里的积雪形成冰川，而冰川的下端是伸向海岸的冰舌。

第二天，罗斯便下令他的船队在离岸不远的地方抛锚。为了纪念维多利亚女王，他把前面的这片陆地命名为“维多利亚地”。罗斯分析了当时的境况，大陆沿岸的冰墙像刀削一样，根本无法攀登，于是便在附近的小岛上举行了升旗仪式，并把该小岛称为“普吉逊”岛。

罗斯下令沿着海岸向南继续航行。海面上几乎没有流冰，探险船开得既轻松又平稳。

1月27日晚上，他们突然看到前面一片火光。他们越往前，就越无法相信眼前看到的景象——在到处白皑皑的岛屿上，竟然有一座活火山。罗斯当即在他的航海日记上写道：“这真是上帝的巨大火炬，在一座海拔3780米的高山之上，冒出大量火焰和烟尘，景色非常壮观。”第二天，他把那座活火山命名为“艾尔帕斯山”，而把与它并排的另一座死火山叫作“泰拉山”。

罗斯决心要找到南磁极，因而绕过该岛前进。不久，他看到了一个更为惊人的景观：在小岛东边，出现了一片广袤无边的冰原。冰崖与海面完全垂

罗斯冰架

直，高达五六十米，整整齐齐像被斧砍过一样。而冰原的顶部非常平坦，靠海的冰崖上面没有一丝裂缝，也没有隆起一个小丘，简直像刨平的那样。这个厚达二三百米的海上冰原，就是今天的罗斯冰架，或者叫“罗斯陆缘冰棚”。

向南的路显然是不通了，于是船只就向东航行。到了 2 月 5 日，海面完全被冰封住，罗斯只得决定放弃寻找南磁极的念头，下令返航。

这是罗斯南极探险的第一个航次。在这个航次中，他到达南纬 74°42′，也就是说，打破了威德尔在 1822 年创造的 74°15′的纪录。

罗斯南极探险的第二个航次是从 1840 年 11 月中旬开始的。这个航次他们登上了罗斯冰架，并作了大量调查。1841 年 2 月，罗斯到达了南纬 78°10′的地方，这个新纪录在往后的 60 年间无人突破。

罗斯南极探险的第三个航次计划从威德尔海向更南的海域推进，并且准备登陆，再从陆上寻找南磁极。但是他的计划忽略了“魔海”的变幻莫测。1841 年 12 月初，他到达威德尔海时，狂风、浓雾、暴雪、流冰接连不断。每天晚上，瞭望员都要发出惊恐的呼叫：“冰山，冰山！”而罗斯在这个航次里几乎一直站在甲板上，随时准备应急措施。其他船员也根本没睡过一个安稳觉。

这是罗斯在南极度过的最后一个南半球的夏天。他使出浑身的解数，但也只到达南纬 70°的位置。紧接着，漫长的南极暗无天日的夜来临了。至此，罗斯寻找南磁极的梦彻底破灭了。1842 年 6 月，他返回了英国，结束了生命中最为辉煌的岁月。

法、美、英三国的探险队在寻找南磁极的过程中，同归于失败，这绝非是偶然的。因为虽然高斯作了大胆的预言，但他并未了解地球的磁极其实是漂移的。在三国探险队的活动时期，南磁极正好在南极大陆上，当时的装备条件，不足以使探险队登陆考察。

知识点

南磁极

磁体上磁性最强的部分叫磁极，地球是一个巨大的磁体，它也有两极。这两个磁极的位置与地球的南极和北极很接近，人们把地球北极附近的磁极称作地磁南极，另一磁极称作地磁北极。地球的磁场并非亘古不变，它的南北磁极曾经对换过位置，即地磁的北极变化成地磁的南极，而地磁的南极变成了地磁的北极，这就是所谓的“磁极倒转”。

到达南极点的第一人

穿越西北航道

罗阿德·恩格布雷斯·格拉文·阿蒙森，1872 年 6 月 16 日出生于挪威首都奥斯陆附近的一个农庄里。他的父亲詹姆斯·恩格布雷斯·阿蒙森拥有一个农庄，在奥斯陆拥有 幢房产，还拥有船舶公司若干股份。阿蒙森从年轻时候起就决心要成为北极探险家。虽然他按照母亲的愿望，成了大学医学系的学生，然而他对学医并不感兴趣，仍坚持要成为探险家，并且为此他尽可能地去适应一些艰苦的生活。他冬天睡觉开着窗户，天天洗冷水浴，在温度下降到 -40℃依然坚持。冬天，他常外出远足或滑雪旅行，其中有一次差点丧命。但这对一个想成为北极探险家的年轻人来

阿蒙森

说，的确是一次再好不过的磨炼。

阿蒙森21岁时母亲去世了，从此他放弃了学医，来到商船上供职，打算获得船长的执照，以便将来自己指挥探险船。

1897年，他作为大副受雇于“比利时”号奔赴南极洲。这是迪格拉奇船长率领的一次比利时南极探险，阿蒙森从这次失败的探险中吸取了不少教训。

迪格拉奇宣布探险队的主要任务是考察南磁极。然而，事与愿违，到了南磁极对面的格雷厄姆地，“比利时”号被封冻在浮冰里，随冰漂流了13个月。阿蒙森是船上未患败血症的两人之一。这次探险一事无成，于1899年返回欧洲。2年后，阿蒙森受雇于一艘商船当船长。

阿蒙森的探险船

最使阿蒙森青睐的北极西北航道，它是一条沿加拿大北面、从大西洋通向太平洋的航线。从16世纪以来，人们就希望找到这条最短的航线，从而大大缩短从西方到达东方的航程。不过，由于冰情严重，从东和从西进行探险的船员，有的穿过大半航程，但无一人真正穿过它。阿蒙森渴望成为完成这一使命的第一个人。

由于北磁极和西北航道在同一区域，因此，穿过西北航道的航行能够与对北磁极的研究充分结合起来。阿蒙森的老乡、挪威伟大的探险家南森，介绍了一位年轻的地磁专家诺迈伊尔教授，在他的帮助下建立了一支探险队。1903年6月，阿蒙森同6名伙伴乘47吨的渔船“约阿”号离开挪威，他宣布要经西北航道驶抵旧金山，途中还要进行地磁考察。

这次航行花了3年时间，在此期间，阿蒙森成了一名北极旅行的船长。他从爱斯基摩人那里学习如何靠海豹和海象肉生活，如何用鲸油作燃料。当船被冻在冰里时，他就完成了用狗拉雪橇到北磁极的长途旅行，并成了一名真正的驾狗专家。他驾驶着“约阿”号船穿过西北航道，于 1906 年顺利抵达目的地——旧金山。

由北极到南极

阿蒙森为人精明能干，他在为第二次探险筹集资金时没有遇到任何麻烦。他计划绕北极区航行，从太平洋出发再回到太平洋，途中到北极点考察。

这次探险深受公众的关注，因为在此以前，虽然有许多人企图到达北极点，但无一人成功。南森很支持阿蒙森的这一举动，为他这次探险专门建造了一艘 392 吨的船，取名为“费拉姆”号。就在这时，有两则消息几乎同时传到挪威。一则是美国的罗伯特·皮尔里于 1909 年 4 月 6 日到达了北极点；另一则是英国的沙克尔顿抵达南极高原，找到了通往南极点的实际路线。这突如其来的消息，对阿蒙森无疑是一个沉重地打击。尽管他对到达北极点从未十分热心，但它却是得到公众支持和提供资金的成功目标。而现在，皮尔里的成功意味着征服北极点已毫无意义。

此时，阿蒙森毅然决然地放弃了原来要花四五年时间环北极航行的计划，来了 180 度的大转向，决定要去南极点。他推测，沙克尔顿至少要离开一年多的时间，在这段时间里，他可能到达南极点。如果成功了，他就会不费劲地为北极漂流探险筹集更多的资金。

狗为阿蒙森征服南极点立下汗马功劳

1910 年 8 月 9 日，“费拉姆”号从挪威起航，除个别人外，大家都认为阿蒙森是在去白令海峡，开始执行其北极漂流计划。当他掉转船头向南航行时也没有引起大家的疑心，因为那时巴拿马运河正在开凿之中。不过，阿蒙森很快获悉，他的另一个竞争对手——英国斯科特上校组织的南极探险队，已在两个月前就向南极进发了。

阿蒙森在航行途中，向船员们公布他将去南极的计划，并得到大家的一致赞同。他从马德拉拍了一封简短的电报给斯科特："我正去南极。"斯科特于10月10日在墨尔本收到了电报。这引起了英国新闻界一场轩然大波，这场争论一直平息不下来。他们指责阿蒙森搞两面派，欺骗斯科特。公正地说，阿蒙森这样做并没有什么错误，罗斯海及其沿岸系边远地区，应对任何具有坚韧不拔精神的人开放。

然而，阿蒙森并未把注意力放在麦克默多海峡，他研究了"发现"号和"好猎手"号考察队的报道，推断在鲸湾附近冰上建立基地是有可能的。沙克尔顿想这样做，但没做到，原因是1902年和1908年冰的地理位置的变化。阿蒙森对冰情变化颇有经验，他认为1902年的冰情反常，而1908年的冰情属正常。如果1911年仍然正常的话，他就打算把基地建在这里的冰上。而且，在他出航前，就委托一个了解他的意图的人，为他准备了102只格陵兰拉雪橇的狗。

扎营鲸湾

马德拉群岛的丰沙尔，是阿蒙森到罗斯海前的最后一个停靠港口。南航途中，有几天人定量用水，而狗就没法定量，幸亏遇上了大雨，他们把所有容器都盛满了水，就不必再上淡水了。

马德拉群岛曾是阿蒙森到罗斯海前的一个停靠港口

1911年1月2日，"费拉姆"号穿过了南极圈，并在同一天抵达浮冰区。4天前，他们在开阔水域和罗斯海中航行时，首次使用了回声测深仪，探测海水深度。

1月4日，他们到达无浮冰的开阔的鲸湾。但阿蒙森当时并不知道，这样做是冒着极大的风险的，因为这一带的冰，是与陆地连在一起的固定冰。

他们在离冰缘几千米处安装

起房屋，并且从1月16日开始从船上卸货。这个基地命名为“费拉姆之家”，在离船不远处，建立了临时的狗舍。当时已有116只狗了，因为在航行期间又出生了几只小狗。在卸货期间，人们就开始猎取海豹和企鹅来作为人和狗的食物。

阿蒙森很注意队员们的身体健康，即使在南极，他也坚持节假日休息。船到达鲸湾后就宣布休假一天，只有非做不可的工作才在星期天做。一般情况下，星期天都休息。

2月4日，斯科特的船“新大陆”号来访，斯科特不在船上，船由彭内尔中尉指挥。阿蒙森还到“新大陆”号船上和他们共进午餐。彭内尔是在寻找第二沿岸队的登陆地点，似乎谈不上斯科特与阿蒙森之争。

从“费拉姆”号船上卸下最后一批补给品之后，阿蒙森就离开营地去布设第一个仓库。他打算自南纬80°开始，沿东经163°往南，每一纬度布设一个仓库。阿蒙森的旅程安排与斯科特或沙克尔顿的安排大不相同。在旅行中，他带着4人和3架雪橇，每架雪橇带有6只狗组成的一支狗队。在出发时，人们穿上毛皮衣服，途中热了就换上防风衣。

除了启动雪橇，阿蒙森的人从不拉雪橇。走在前面领头的那个人，向狗发出前进、停止和转向的信号。队员们轮流当领队，其余的人在雪橇旁滑雪前进。

格陵兰狗状况良好，一天能够不费力地跑上28千米。一建好营地，阿蒙森就对狗进行试验，开头3天都能这样做，在第四天，想试试狗究竟能跑多快，阿蒙森驾狗在营地之间跨越40千米，但有点困难。

2月14日，到达南纬80°，阿蒙森在这里卸下食品，建立起仓库，然后返回，又走了55千米。这样，一天中，他们共走了73千米，还设下了一个仓库。

仓库是按同一计划建立的，把一些燃料、食品用雪堆高，上插黑旗作标记，在仓库的东西南北都插上黑旗，每面旗标出到中心的距离。阿蒙森在从南纬80°返回路上，把剩下的干鱼油切成厚片，放在雪上，作为返回的路标。

冬天到来之前，他们在南纬81°、82°建立了仓库，于4月12日回到基地。在整个布设仓库的旅行中，只死了3只狗，每天行走距离约28千米。

阿蒙森建好越冬基地后，把3吨补给品布设在返回南极点的仓库里，其中最远的仓库离基地384千米。

阿蒙森感到他处在优先的地位。他比在麦克默多海峡的任何基地到南极点的距离至少近96千米，而且这里周围有许多海豹和企鹅，可供人和狗食用。

费拉姆之家

阿蒙森一行的营地费拉姆之家的设计师是北极经验丰富的乔根·斯塔比留德。他事先在挪威把房屋建在阿蒙森的花园里，逐片打上标记并编号，拆开后运到南极洲，在鲸湾重新安装。

费拉姆之家有一个入口、一个厨房和一个大房间，睡铺和小柜排成一排。共10个铺，睡9个人，空的一个铺用来存放仪器。每人一个铺、一个小柜和一组搁板。地板上不允许放任何东西，铺底下只放鞋。地板打光并放上小地毯，墙和天花板涂有颜色，屋里挂有装饰画。做饭和取暖用煤油炉，照明用煤油压力灯。煤油加热器在白天能使室温达到20℃。

入口外边的储藏室是用空的包装盒子做成的，取名为禁闭室。在第二次布设仓库旅行期间，费拉姆之家只留下一个人——林斯特龙，在暴风雪期间，被埋在雪里。林斯特龙不可能单枪匹马地清除掉雪，因此，他挖了一个斜洞到达表面，并装了地板门，其后，正对着第一个通道挖第二个通道，最后掘一个深坑。他用这个深坑作粪坑，排除厨房污水和垃圾。这相当卫生，即使灌进热水，也几乎能马上冻成冰。

当他的伙伴们返回后，挖通道就成了深受喜爱的运动。他们挖了一个厕所通道、储藏室、工作间和一个蒸汽浴室。没有一支南极探险队能像费拉姆之家那样有如此舒适的设备良好的住处。

船离开后，狗舍转移到费拉姆之家。这些动物住的是粗帆布支起的帐篷，建在一个深坑里，周围用凿出的冰垒成墙。柱子是用冰墙来支撑。狗吃干的鱼油和海豹肉。在冬天期间，有15只小狗出生。

除厨师林斯特龙外，每个人都负责照料和训练这群狗。在布设仓库的旅行中，发现雪橇造得太重，于是，斯塔比留德和布贾兰德就进行改造，使其重量减少了 18 千克。阿蒙森设计出双人型帐篷，把两个连一起，能住 5 个人。与其类似的帐篷，用于极地或高纬度作业很成功。

考察队几乎不从事科学工作，因为阿蒙森的目标是到达南极点，决不以别的任何理由为借口。然而，他们坚持气象和地磁记录，坚持南极光的观测。

费拉姆之家无需夜间值班，而英国探险队则必须坚持夜间看守，以防火灾的发生。因为他们在木质船和房屋里取暖，都是用煤炉子，常发生火灾；而费拉姆之家取暖用煤油加热器，一转旋钮即可熄灭。第二天早晨一点火，屋子就能很快地暖和起来。

挪威探险队，包括阿蒙森在内的每个人，都轮流作周值日：整理房屋、扫除、擦地板、摆桌子和洗涤。星期天中午结束一周的值日，晚饭时喝杯酒，吸一支雪茄烟以示庆贺。他们尽管有很好的留声机和唱片，但除生日、国庆和周末外，别的时间从来不开。

星期天大家都放假，厨师也不例外，饭菜是由志愿者去做。从 4 月到 8 月底的 5 个月，费拉姆之家的 9 口人，生活愉快幸福，天天盼望着伟大的南极点之行。

南极点之行

阿蒙森一行 9 人在营地费拉姆之家呆了 5 个月。1911 年 9 月 18 日，5 个人驾 90 只狗拉的 5 架雪橇，从营地出发到南纬 80°布设最后的仓库。使用如此庞大的狗队，原因之一，是早春前进艰难；原因之二，是阿蒙森想为南极点之行挑选出最好的狗。9 天后，他们回到营地，完成了阿蒙森的最后计划。

阿蒙森认为，他以狗为动力，不仅可以跑得快，而且出发时间可提前。因此，如果能到达南极点，必定先于斯科特。“费拉姆”号预计在 1 月中旬回到鲸湾，阿蒙森计划 3 个月的极点之行，若在 10 月中旬出发，就能按时回来与船相会。

10 月 19 日，罗阿德 · 阿蒙森、奥拉夫 · 布贾兰德、斯维里 · 哈塞尔赫尔默 · 汉森和奥斯卡 · 威斯廷 5 人离开营地，开始了南极点的远征。他们在 3 天时间里就到达了南纬 80°，每天平均行进 38 千米，但在穿过营地南面的险恶冰缝区时，布贾兰德掉进了冰缝，九死一生。他们前进的速度减到每天 28

千米。

11 月 2 日，到达南纬 82°，他们从仓库取出所有物品，使雪橇载重达到最大值，足足够用 90 天的物品，一部分要布设在前面的仓库里，一部分要带到南极点。这时，狗减少到 46 只。

阿蒙森的计划是，从南纬 82°起，沿东经 163°南下，在每个纬度上为返回旅行布设一个仓库。11 月 8 日，他在南纬 83°布设了第一个仓库，就在这一天，他们第一次看到陆地。在 84°仓库的远处，两座新发现的山脉分别为南森山和佩德罗·克里斯托弗森山。佩德罗是阿蒙森的赞助人，阿根廷的第二大富翁。两山之间悬挂着几百米的冰川，以南森女儿的名字命名为利夫冰川。两山遥遥相对，从中看不到有任何通道。利夫冰川很陡，无法攀登。11 月 15 日，他们爬上 92 米高的冰崖，并在顶上布设了 85°仓库。

他们离开挪威 15 个月以来，第一次在南极大陆上留下足迹，并且到达了 270 米的高度，阿蒙森宣布这天休息。而他、汉森和威斯廷三人却去攀登营地南面的山丘。这座山用阿蒙森的姐妹的名字命名为贝蒂山。来到山顶，他们发现了一条通往南极点的路。

他们在一冰川的三角洲扎营。该冰川以另一位赞助者的名字命名为阿克塞尔·海伯格冰川。把他们的物品运到山顶共需要 42 只狗，但他们一到那里就宰杀了 16 只。有人憎恨阿蒙森的这种做法，而他却把这作为到达南极点付出代价的一部分。

11 月 17 日，开始登山，第二天，罗斯冰架就甩到后面去了。晚上，他们在 1200 米高处扎营，在这一纬度相同高度的其他地方，温度应下降，这里却相反，温度上升了 6℃，致使他们汗流浃背，只得脱下毛皮大衣前进。

到 11 月 19 日，他们攀登到 1580 米的高度，到达阿克塞尔·海伯格冰川与利夫冰川前沿交汇处，其表面冰破碎和裂缝严重，在这里不得不暂时转运物品。他们设立了一个临时营地，狗都留下休息，而阿蒙森、汉森和威斯廷则滑雪橇到前面探路。

找到一条可通行的小路，他们就带着雪橇向上攀登，终于到达 3340 米高的极地高原。他们带着 42 只狗和所有物品，在 2 天时间内发现、绘制和攀登了一条通往极地高原的新路，这的确是一项惊人的成就。

在屠宰营地，他们进行令人痛心的工作：杀了 24 只狗，为幸存者提供食物。11 月 21 日，阿蒙森宣布休息一天，然而，这次休息一直延长到 25 日，这是因为暴风雪使得他们第一次停止不前。

12 天后，他们穿过称为“魔鬼舞厅”的冰缝纵横的区域。自从暴风雪袭击以来，天气一直阴郁多云，因此，阿蒙森靠着“准确的猜测”行进。9 天后天晴了，当他核对他的位置时，发现正好处在计划的路线上。

冰缝是极地探险的巨大威胁之一

12 月 7 日，他们穿过沙克尔顿创造的南纬 88°23′的纪录，此时可以说，没有灾难就无法阻止他们到达南极点。他们快速前进，食物充足，还有 18 只狗。

到达南极点

1911 年 12 月 14 日，阿蒙森等人到达南极点，设立的营地取名为极点之家。他们在地球的最南端共住了 3 天。南极点地处暴风雪席卷荒漠的高原中央，海拔 3360 米。

阿蒙森达到南极点

他们在南极点进行了连续 24 小时的太阳观测，确定出南极点的平均位置，并垒起一堆石头，插上雪橇作标记。帐篷搭在一旁，里面留下写给斯科特和挪威哈康国王的信。

阿蒙森留信给斯科特并不是要故意捉弄他，他认为斯科特能够到达南极点，而自己的前面是长途而艰难的路程，任何意外都可能发生，一旦他在返回途中遇到不幸，斯科特就会向世界公布他的功绩。

阿蒙森在南极点作的标志，和最初的仓库标记一样，从南极点起的 4 个方向上向外延伸 10 千米，插有 4 列旗子。不同的是，南极点的每列旗子都朝北，而其他仓库的 4 列旗子指向东西南北。

12 月 18 日，他们带着 2 架雪橇和 18 只狗开始返回。在南极点和最后一个仓库之间，狗减少为 12 只。阿蒙森喜欢吃狗肉，他认为狗肉新鲜，可预防败血症。他们借助于强劲的尾风穿过“魔鬼舞厅”，在 1912 年 1 月 4 日到达阿克塞尔·海伯格冰川的源头，2 天后就回到罗斯冰架。途中蒙受的唯一伤亡是一只狗掉进了冰缝丧生。

仪式性的南极点

阿蒙森等体魄健壮，回程迅速，每天行程可达 40 千米，并且坚持每行 5 天休息 1 天。1 月 25 日，阿蒙森等 5 人，乘 11 只狗拉的 2 架雪橇回到了基地费拉姆之家。

1 月 30 日，挪威探险队乘“费拉姆”号船离开南极洲，3 月初到达澳大利亚的霍巴特。阿蒙森在这里会见了准备去阿德利地考察的道格拉斯·莫森，并把所有活着的狗（11 只到过南极点的狗除外）送给了他。那 11 只老练的极点之行幸存者，随船回到挪威，在那里欢度幸福的余生。

阿蒙森在 7 月份回国后，就其极点之行著书立说和四处演讲报告，赚了一大笔钱。

1928 年 6 月 28 日，为了营救海上遇难的诺比尔等人，阿蒙森乘飞机离开挪威去北冰洋海域搜索，在几次常规的无线电通讯之后，他的行踪就杳无音信了。这位第一个到达南极点的英雄，在北冰洋消失了。然而，他的名字和业绩，却在极地探险的史册中永放光彩。

献身南极大陆的斯科特

驶向南极

阿蒙森首次登上南极点之后的第33天，英国的斯科特极地队也到达了南极点，但与阿蒙森相比，他们的经历和后果有着天渊之别。

1904年，斯科特完成首次南极考察回国后，就忙于四处讲演和著书立说。他在出书的过程中，结识了文艺界的名人詹姆斯·巴雷。通过他，斯科特认识了比自己小13岁的女雕刻家凯思琳·布鲁斯小姐。1908年9月，他俩结婚了。1909年1月，布鲁斯写信告诉斯科特她怀孕了。这叫他欣喜若狂，因为他有了一种强烈的家庭意识。他在回信中，提到可能派他去领导另一次南极考察之事。他想尽快晋升为将军，他认为唯一的途径是重新组织领导南极探险队，成为第一个到达南极点的人。

斯科特

斯科特对他领导的1901—1904年的南极探险记忆犹新。那是一个偶然的机会，在拜访皇家地理学会会长马卡姆先生时，斯科特产生了当探险家的想法，并且组织领导了这次南极探险。通过布设仓库和支援队，他开创了极地旅行的新办法，并且创造了到达离南极点只有870千米的南纬82°17′的世界纪录。这次探险的辉煌成就，使他名利双收，从上尉晋升为中校。要顺利地晋升为将军，成功与否在此一举。

与此同时，传来了一则新闻，使他大为吃惊。曾在他手下的沙克尔顿，1909年1月9日率领英国南极探险队到达南纬88°23′的地方，离南极点只有180千米了，这更加激起他重返南极的念头。

斯科特组织了英雄时代最为庞大的南极探险队，包括7名军官、12名科技人员、14名海军士兵，于1910年6月离开欧洲。他公开宣布，其目的是纯科学性的。但谁都不怀疑，他的主要目标是到达南极点。

狗拉雪橇是冰雪行走的主要手段

斯科特仍然相信人拉雪橇的优越性胜过其他运输方式。但他对沙克尔顿使用马有极深的印象。斯科特对用狗有偏见，而认为用机械运输有前途，因此，他这次带了3辆履带式拖拉机。为此，著名极地探险家南森博士对他说，如果一只狗倒下了，它可以为其他狗，甚至人提供食物；但如果是用机械，它坏了，只能成为冰原上一堆浸透油渍的废铁。可是，南森的忠告，并未打动斯科特那颗墨守成规的心。

1910年10月中旬，斯科特在墨尔本收到阿蒙森拍给他的电报，当时他对此的反应没有记载，但一年后，去南极点前给他妻子的信中却说："我不知道阿蒙森在想什么……我决定确实按我要做的去做，不受他的影响。任何竞争的企图必定破坏我的计划，不用担心，这件事对我没有什么折磨。老实说，我很少考虑它。"

"新大陆"号船长57米，吃水5.8米，总吨位392吨，最大航速为6.5节。1910年10月25日，斯科特乘"新大陆"号离开新西兰，12月2日的上午，船进入西风带，遇上了猛烈的暴风，恰在这时，船的蒸汽泵堵塞了，水溢入机舱。全船人员经过48个小时的苦干，才使船转危为安。还有令人惴惴不安的是在此期间失去了2匹马和1只狗，为减轻船的载荷，约20吨重的煤油被投入海中。

12月9日，"新大陆"号进入浮冰区。茫茫的海面上，漂浮的冰块、冰山封锁了航道，前进十分困难，有时前进一二海里竟要花十几个小时。斯科特本想在圣诞节前赶到麦克默多海峡，但一直拖延到1911年1月3日，他们才来到克罗泽角近海，从望远镜中能看到他们上次设下的通信站。

威尔逊希望在这儿设营，因为这里是帝企鹅繁殖地，能够对帝企鹅进行整个冬天的考察。然而，巨浪翻滚，船无法靠岸卸货，于是，他们改道去麦克默多海峡。第二天，来到罗伊兹角和冰舌之间的埃文斯角，斯科特决定在这里建基地，船靠在离岸 23 千米的固定冰旁后，立即开始卸货和设营。

这里是连续 24 小时的白昼。沿岸队从早晨 7 点干到夜间 12 点，一天工作长达 17 个小时，而全体船员则分 2 班，每 4 小时轮换一次，即干 4 小时，休息 4 小时，这种不平等的劳动分工，对沿岸队来说，有些过于劳累。

到 1911 年 1 月 6 日，米尔斯有了 2 支狗队在运输，2 天后奥茨套上了一些马。1 辆履带式拖拉机在冰缘破裂时掉入海里，但另 2 辆在从船到岸的冰面上拖运货物中，大显身手。到 1 月 21 日，一幢别具英国海军海岸建筑风格的小房，在埃文斯角落成了，所有物资也都卸运完毕。4 天后，斯科特就带队去布设仓库。

布设仓库

斯科特带领着 12 人、8 匹马和 2 支狗队出发了。他们没有一个人是新手。3 周以来，他们每天工作 17 个小时，抽空吃饭和睡觉。鲍尔斯在出发前的 72 小时没合眼，一直工作到交班的最后一分钟。另外，在起程前他被马踢了，仅仅让彻里—加勒德给包扎了一下，因为他怕医生不让他去。

1 月 29 日，他们到达离基地 38 千米的罗斯冰架，但实际行程却有 145 千米。在这里放下一些马的饲料，取名为安全营地。在这一望无际的积雪上面，人可用滑雪板滑行，而马却无能为力，雪深齐过马肚子，马只能挣扎着缓缓行进。

2 月 12 日，他们到达明娜崖，被暴风雪困了 3 天，在离埃文斯角 86 千米处设了一个仓库。此时，2 匹马不行了，驯马专家奥茨建议杀了作狗食，但斯科特舍不得，派埃文斯·福德和基奥恩把 3 匹最弱的马送回去。他俩在 15 天后才回到安全营地，但仅幸存 1 匹马。

布设仓库队共有 5 人、马 5 匹和 2 支狗队。狗因为缺少食物，饿极了，一支狗队竟向马发起了攻击，差点把一匹马咬死。

这是一次不够理想的旅行，到2月16日，他们才到达南纬79°27′，离斯科特计划在80°的主仓库目标还差67千米。他深知，若继续往前走下去，有可能遇到南极寒冷黑夜的危险，后果将不堪设想。于是，他们就在这里把1吨重的燃料、食品卸下雪橇，设了一个仓库，称为一吨营地，然后赶忙返回。

事实表明，狗和马不可能一起齐心协力来运输，因为它们的前进速度不同，要使它们同步，既损狗又耗马。因此，在返回途中，斯科特带狗队在前，而奥茨率马跟在其后。虽然路上一支狗队掉入冰缝，斯科特对其营救花了些时间，但仍在奥茨之前（2月26日）到达安全营地。

在此期间，彭内尔上尉驾船访问了鲸湾的阿蒙森之后，也下船到这里，并给斯科特留下一封信。当斯科特得知阿蒙森在鲸湾时写道：

"我们必须进行下去，仿佛这件事没有发生一样……为了我们国家的荣誉，我们必须干得更出色，不必惊慌失措……阿蒙森的计划对我们来说是非常严重的威胁。他离南极点的距离比我们近96千米……我怎么也想不到他能带那么多狗……他的旅行计划似乎使他处于优势地位……他能在来年早些时候出发，而我们使用马就不大可能。"

2月28日，鲍尔斯、加勒德和克林3人，带着5匹马去棚屋角。旅行一开始就倒下了1匹马，于是物品重装雪橇，由4匹马拉着前进。他们疲困之极，夜间就在看上去是坚固的浮冰上宿营。谁知半夜里，这块浮冰神不知鬼不觉地离开岸边向大海漂去。他们醒来时才发现自己竟是在一块小浮冰上过的夜，而马却在另一块浮冰上。但到黎明时，他们和4匹马所在的小块浮冰又神秘地合拢在一起了。第二天，他们又遇上以海豹为生的虎鲸的袭击。这些不速之客出现在他们的浮冰周围，有的还把头伸到浮冰的边缘，力图把浮冰掀翻，使人马掉入海中，弄到一餐美味佳肴。在这千钧一发之际，机智勇敢的克林，一跃跳到另一块小浮冰上，奋力用雪橇把它划到岸边，上岸后，飞快地奔向安全营地求援。6个小时后，他带来一些人和一匹马，用绳子往回拉浮冰，但此时正值退潮，好不容易才把人在的浮冰拉到岸边，而4匹马所在的浮冰仍向海里漂去。他们只好忍痛开枪，把它们射死喂了虎鲸。1周后，他们到达棚屋角，6周后才回到埃文斯角基地。此次布设仓库的旅行，结果令斯科特极为不安，狗虽无伤亡，但带去的马无一剩下，况且又没有到达预定地点。

冬天来临了，埃文斯角的小屋里是一个令人愉快的地方，它建在海滩坡上，背靠岩脊，能避暴风雪的袭击，墙为双层，中间装满海草，地上铺有地板。小屋的两个房间被分为外面的厨房和住室、里面的军官食堂。斯科特有一小间陋室。

小屋里夜间用乙炔照明，用煤取暖，因此军官得轮流值班，以防火灾。气象观测，白天由辛普森，夜间由值班军官进行。他们有一个很好的图书馆，带有许多唱片和留声机，每周有 3 个晚上，举行各种讲演会。这里是一片繁忙的景象：食物的包装、马狗的训练，雪橇、衣服和拖拉机齿轮的制作、维修或改进。

到达南极点

冬去春来，斯科特开始准备向南极点进发了。他把人员分成 4 个支援队，每队 4 人，每队独立，但人员可以互相调换，拖拉机、狗和马在希望山以后使用。他计划用 1 个支援队从希望山返回，另 3 个支援队开始攀登比德莫尔冰川，大约上到半路，又 1 个支援队返回，从剩下的 2 个支援队中挑选出 4 人组成极地队，担负到达南极点的重任，其余 4 人返回。

每件事情都是按 4 人设计的，雪橇是由 4 个人拉着，帐篷睡 4 个人，炊具仅供 4 人用，每周定量按 4 人包装。

斯科特认为，最困难的旅程是到达希望山。过了希望山，解除动物的运输，由人拉着雪橇，这似乎是最举止文雅的旅行。

1911 年 10 月 24 日，埃文斯上尉、戴、拉什利和胡珀 4 人，驾拖拉机离开棚屋角，要开到南纬 81°31′，在那里等待主队。但他们离开棚屋角只走了 64 千米，拖拉机的注油系统就坏了，修了半天也不顶用，最后只得像南森说的那样成了一堆废铁，扔在雪地里。埃文斯留下马的饲料，拉着半吨补给品向约定地点前进。11 月 15 日，他们到达胡珀山，并在那里设下胡珀仓库。

埃文斯踏上旅途后，斯科特和其他人于 11 月 1 日和 2 日离开棚屋角，途中见到拖拉机遇难，只是感到失望并没有感到意外，他们装好埃文斯丢下的饲料就继续前进。路上积雪松软，马踏破不结实的外壳，拉着雪橇几次掉进

斯考特一行在南极

雪里。他们在11月15日到达一吨营地（同一天，阿蒙森在南纬85°建立了仓库，并攀登到贝蒂山寻找过山通道）。他们补充了仓库的燃料和食品，对仓库进行了重建，把红色的煤油桶放在顶上作标记。斯科特计算，从此处往返南极点，需要每天平均24千米的速度，然而令他担忧的是，前一段的速度一天只有16千米。

可是，在后来的16天中，他毫不费力地保持着平均速度，按时到达胡珀山。11月24日，第一支援队返回，不是原计划的4人，而是改为两人返回，这是斯科特的临时决定。

他们隔一定的距离就杀马，并布设仓库，12月10日到达比德莫尔冰川脚下，他们在那里忍痛射杀了最后一批几经折磨、弱不禁寒的气息奄奄的马，就地设下了“屠宰场”仓库。第二天，狗拉着主队取近路上了比德莫尔冰川，同时，第二支援队（2人）和狗队返回。

在攀登比德莫尔冰川的第一阶段，斯科特认为事情进展的并不坏。尽管他比1908年沙克尔顿的进度落后5天，但他的补给品的状况要好得多，全队人员身体强壮。这种乐观表现在派米尔斯带回的短笺中：“事情不像预期的那样乐观，但我们振作起精神定叫运气好转……我能像以前一样地坚持下去。”

事情仅仅是刚刚开始，道路是险峻的，地面崎岖不平，暴风雪随时可能袭击。但他们能够每天行进，只在经过最险恶的地方，才不得不分段运雪橇。然而，到12月16日，他们比沙克尔顿的时间表晚6天，但5天后，又赶上了3天。

又2个支援队（共4人）回去了，现剩下8人继续前进。斯科特停止了每天坚持平均速度的尝试，改为计时法，每天拉雪橇前进9个小时，加上装卸营地时间，每天平均工作15个小时，没有星期天，只在天气阻止前进时才休息。

圣诞节这天是愉快的一天。他们和往常一样拉着雪橇，双份定量全吃完，外加圣诞布丁、生姜和一小杯白兰地。斯科特完成了到达南极点的极地队的最后人选，改变了原来4人的想法，由5人代替。

斯科特亲自领导的极地队的成员有：鲍尔斯，身强力壮，是斯科特专为极地队选择的；威尔逊，身材瘦小，体力不强，39岁，有行医资格，但已几年未实践，他是作为一名动物学家参加考察队的，他自从参加“发现”号考察以来，就同斯科特的关系十分密切；埃文斯，是占了上士的光，因为斯科特不想把极地队说成是军官队；奥茨，是陆军上尉，专管那些可怜的马，对这次长途旅行立下了功劳，又是陆军代表。没有选入极地队的3人，恋恋不舍地踏上了返回的征途。

1912年1月4日，极地队出发前，他们把雪橇砍短了，而且对滑动装置进行了修理。在干这件事的时候，埃文斯不小心割破了手，但没敢报告，唯恐失去到南极点的机会。到1月7日，他的伤处引起腐烂，由威尔逊来处理，在那抗生素尚未问世的年代，他对这种伤情束手无策。

第二天，他们穿过沙克尔顿创造的最南纪录，这里提示斯科特，要么，到达不了南极点，要么，到达了南极点，但可能回不来。因为鲍尔斯感到伤寒严重，埃文斯的手伤越来越重，但他不可能提出来停下休息。

他们在距南极点48千米处设了最后一个仓库，带着4天的食品供他们往返96千米到最前面的一个仓库期间使用。这样安排，几乎没留任何余地，斯科特也意识到这有点铤而走险。

1月16日，当他们行进到距南极点不到几千米时，斯科特的日记中有这样一段话：“我们向前望去，看到了远处有一个黑点……我们走近一看，这个黑点原来是系在雪橇上的一面颜色发黑的挪威国旗，附近留下许多残物，有雪橇滑行的痕迹……狗蹄子的痕迹在雪地上格外明显，显然有许多狗来过这里。全部经过正如伦敦已经知道的，挪威人已捷足先登，抢先抵达南极点了。这是一次毁灭性地打击！我为我忠实的伙伴感到痛心……我们的全部理想都破灭了，留下的只有精神上的痛苦和忧伤。”

这一天，他们到达了南极点，发现了一架帐篷，里面有一些被抛弃的工具和三条袋子，袋子里装着两打未开封的手套和袜子。另外，还有阿蒙森给斯科特的便条和一封信。阿蒙森在便条中请求斯科特把这封信转交给挪威国王。他们对这架帐篷拍了照片，并画出了它的图样，然后，升起了英国国旗，并对这面旗也拍了照片。

风雪中捐躯

他们在南极点呆了2天，重新确定了南极点的位置，测得的结果，与阿蒙森确定的南极点只差几百米。这个误差可能是仪器的误差引起的，也可能都不那么准确。

1912年1月18日，他们开始返回。斯科特在日记中写道："就这样，背朝着我们内心渴望到达的目标离去，我们前面还有漫长的道路，必须靠自己拉着补给品徒步走完，别了，黄金般的梦想！"

最初，他们遇到了几周以来的第一次顺风，他们在雪橇上装上帆，一天行进32千米。此时，有两件事令斯科特担忧：一是天气，一是埃文斯的健康。当时仲夏刚过，天气正在变坏。埃文斯一直虚弱，没治好的手变成冻伤。从埃文斯角到极地高原，他是中流砥柱，但从受伤以来，几乎不能拉雪橇了。

这些天来，白天的工作未减，行进路上，既无欢乐又无歌声，只是每天9小时的艰难跋涉，斯科特的日记记载着，队员们一个又一个地受伤致残，其中有的相当严重：

1月28日，埃文斯的5个手指被冻得起了疱。奥茨的大脚趾由蓝变黑。

1月30日，威尔逊的腿扭伤了腱。

1月31日，埃文斯的指甲掉了2个。奥茨的脚趾大多变黑。

2月2日，斯科特跌倒了，肩膀严重碰伤。

2月5日，埃文斯掉了3个手指甲，鼻子开始化脓。

虽然他们经受着病魔的折磨，但仍然能够顺利地行进，一个原因是顺风，另一个原因是下坡。自从离开南极点以来，他们只下降了300米，但一路上至少是沿下坡走，而且越走空气越浓。

2月7日，他们回到比德莫尔冰川的源头，从仓库里捡起只够用3天半的定量，奔向该冰川半路的云标山。斯科特在这里给自己和鲍尔斯发了一张无疫证书，威尔逊的腿正在好起来，只有埃文斯令人担心。

食品太紧张了，3 天半的食品，他们却用了 6 天。因为他们跨越支援队曾受阻的险恶的冰缝区，行进缓慢，最终到达了云标仓库，取出了 4 天的食品和一些地质样品。

随着高度的下降，埃文斯的病情没有好转。他的头和脸全是化脓的冻疮，手指甲和脚趾甲都掉光了，话也不说清了。2 月 17 日，埃文斯与大家拉开了很长一段距离，受惊的同伴们赶快折转回去，走到埃文斯跟前，发现其已经陷入神经的极度错乱。12 时 30 分，埃文斯默默地离开了人世。

他们把埃文斯装在睡袋里，埋在一堆冰块下，斯科特为他举行了简短的葬礼。之后，他们就赶路了，在同一天到达了罗斯冰架。在此之前的几周，在尾风的帮助下，他们每天能够前进 32 千米。从那天开始，尾风逐渐消失并平静下来，减少了前进的推动力，每天前进很少超过 16 千米，但对回到基地毫不怀疑，并且一路上谈论着他们到达基地后要做些什么。

他们蹒跚地走着，终于来到了南冰障仓库，本想狼吞虎咽地吃个饱，但令他们大失所望的是煤油神秘地流光了。他们知道，煤油流失是油桶的焊锡在极低温度下冻裂所致。这时，斯科特在他的日记中，第一次对他们是否能回到埃文斯角感到怀疑。

1 周后，在中冰障仓库的煤油也严重流失，除非他们加快步伐，否则到不了 112 千米的胡珀山，他们的煤油只够用 5 天了。

当他们的煤油只剩下一点点时，气温突然急剧下降，奥茨的双脚已冻得完全失去了知觉。斯科特在 3 月里的日记中已经清楚地表明，他和他的同伴对生存下去的勇气一天天地减弱，绝望的情绪日复一日地增强起来。

3 月 15 日，奥茨昏睡了一夜，希望再不醒过来，但是清晨他苏醒了。当时正值暴风雪时刻，奥茨说："我走了！走了！或许我不会很快回来。"然后他就迈着冻伤的双脚，蹒跚地进入暴风雪中，从此斯科特他们就再也没见到他。

斯科特的最后一篇日记是 3 月 29 日写的。日记中说："自 21 日起暴风雪一直在刮。20 日这天，我们每人只有 2 茶杯燃料和够 2 天的食品。我们每天都准备启程走完这 17 千米的路程，赶到救命的仓库，但是，我们却无法走出帐篷。假若我们走出去，那么，暴风雪一定会把我们卷走，并埋葬于茫茫大雪原中。我再也想不出更好的办法。我们要坚持到底，但是，我们的身体已经虚弱到极点了，悲惨的结局马上就会来到。说起来也很可惜，恐怕我已经不能再写日记了——罗伯特·福尔肯·斯科特。”

他的日记的最后一句话是：“看在上帝的面上，务必请照顾好我们的家人。”

名垂史册

1912 年初，“新大陆”号又来到埃文斯角，准备接应斯科特领导的极地队，但是，一直等到 3 月初没有得到关于斯科特等人的任何消息。为了不使船被海冰封冻在麦克默多海峡，仅留下 13 名志愿者之后就返回新西兰了。基地上的人们无不为斯科特等人的安危担忧。由于此时为南极极夜，他们无法出去寻找斯科特等人。

到 10 月 28 日，南极夏天刚临，阿特金森就率领一支 10 人搜索队出发了。2 周后，他们来到一吨营地，见还未启用，知道斯科特没有到达这里，就又往南搜索。走了 17 千米，发现一个雪堆，他们扒开看时，下面是一架帐篷，里面躺着 3 具尸体。阿特金森取出极地队沿途采集的标本和煤油灯旁的斯科特的日记，然后把帐篷放倒，堆上冰雪，为攀登南极点英勇献身的探险家们举行了葬礼……

斯科特领导的英国极地探险队的结局是悲惨的，但他们勇敢顽强的精神和悲壮的事迹，却在南极探险史册上谱写了光辉的一页。他们所采集的 17 千克重的珍贵地质标本和用心血写下来的日记，至今仍完整地保存下来，成为南极科学研究的宝贵史料。

知识点

西风带

西风带是位于副热带高气压带与副极地低气压带之间（大致在南北纬 30 至 60 度之间）的行星风带。副高向副极地低压散发出来的气流在地转偏向力的作用下，偏转成西风（北半球为西南风，南半球为西北风），因此西风是在西风带的盛行风。在西风控制的地区，西风一般比较强劲，海洋上风浪较大，陆地迎风坡地带温和多雨。因此，在西风带内，船舶航行常常会受到影响。

沙克尔顿的南极之旅

最接近南极点的记录

欧内斯特·沙克尔顿，英国南极探险家，1874年2月15日出生于爱尔兰的基德尔郡，在十个孩子中排行第二。在沙克尔顿10岁时，全家迁往英国。11岁时他在伦敦南部才第一次到学校上学，13岁时被送到达利奇学院上学。15岁后他宣布要到海上去生活，在父母的帮助和鼓励下，他获得了一个体面的船舱服务员的职位。1890年开始了他的海上生活。在海上他度过了4年的学徒生活。1898年他24岁时获得了船长执照，这样他就有资格担任任何一艘商船的船长。

沙克尔顿塑像

1899年，沙克尔顿加入皇家地理学会。1900年皇家地理学会和另外一个科学团体皇家学会决定英国出资组建一个国家南极探险队，沙克尔顿申请加入。1901年初他被录取。探险队由罗伯特·斯科特领导，南极探险船为“发现”号。1901年7月23日，“发现”号启程，船上共有38人，沙克尔顿在船上协助科学家进行科学实验，他还能鼓舞船员士气，并发明各种新东西供大家消遣，他甚至编了一份船上出版物《南极时报》。出发后的第二年，“发现”号到达麦克默多海峡。

1902 年 11 月，罗伯特·斯科特挑选沙克尔顿和船上的医生爱德华·A·威尔逊跟他一起准备走 1600 英里到达南极点后返回。他们的南极探险经验不足，以为个人毅力可以克服种种困难。他们使用了狗，但却不能熟练地驾驭它们。出发后到了圣诞节，三人都出现了坏血病的症状，威尔逊医生还出现了雪盲症，沙克尔顿情况最严重。最后他们被迫在那一年的最后一天返回。这时他们距离南极 460 英里（约 850 多千米）。1903 年 2 月 3 日，三个受尽折磨的人回到船上。

1903 年 3 月，斯科特强行将沙克尔顿遣送回家，并把去南极点的失败归咎于沙克尔顿的病。

1907 年，沙克尔顿自己组织一支南极探险队。这也英国王室的主意，国王和王后接见了沙克尔顿，王后赠给他一面英国国旗，让他插在南极。

探险船“猎人”号出发后到达南极海岸，船员们在南极海岸建起了营地。沙克尔顿把营地变成了一个温暖的家。1908 年 11 月 3 日，沙克尔顿和他的 3 个伙伴开始向南极挺进，到了 11 月 26 号，他们已经打破了“发现号”探险的纪录了。由于当年和斯科特的南极探险使用了狗运输没有成功，沙克尔顿这次使用了一种中国东北种的小马来运输，结果证明也是不成功的。在挺进南极的过程中，最后 4 匹小马掉进了一冰窟窿里，还差点把一个伙伴也拽进去。这个事件几乎排除了他们到达南极的可能性。

他们又艰难的走了 1 个月，1909 年 1 月 9 日，他们向南极作最后的冲刺，最后把王后赠的国旗插在了南纬 88°23′的位置上，此地距南极只有 180 千米。大家已经筋疲力尽，他们 4 人不得不日夜兼程往回赶，以便在饿死前赶回船上。4 人都染上了严重的痢疾。为防止船等不及他们而开走，沙克尔顿和另一个较强壮的伙伴先出发，把另 2 个人留在一个储备丰富的补给站。他们在 3 月 1 日获救。刚上船的沙克尔顿坚持亲自带队去接人，2 天后他们带着两个掉队者回到船上。

沙克尔顿作为一个英雄返回英国，立刻被授予爵士称号。他的队伍比任何人在当时都更接近南极，因此他享誉全世界。

“持久”号沉没入海

但是，沙克尔顿并不满足于已经取得的成就和获得的荣誉，决心再进行一次尝试。

1914 年 7 月，沙克尔顿率领由 11 名科学家和 17 名船员组成的南极考察队，乘“持久”号考察船离开了伦敦，开始了他领导的第二次南极考察。鉴于南极点这块地理发现金牌已被阿蒙森和斯科特所摘取，他不想追随他们的足迹，要走自己的路。于是，他把横穿南极大陆作为这次探险的目标，先从威德尔海海岸出发，途经南极点，最后到达罗斯海边缘的麦克默多海峡。

“持久”号起航这天，恰巧第一次世界大战爆发了，这使沙克尔顿进退维谷。他这次为帝国考察，准备了 4 年之久，花费了巨额的资金，如果不去，他就要偿还全部损失；另一方面，爱国主义和民族自豪感是他组织这次考察的宗旨，现在正是他为国争光的时刻，决不能退缩。他立即召集全队人员，说明了情况，大家都表示赞同。于是，他就打电报给统管英国南极考察的领导机构——海军部，答复很简单，“继续进行”。几小时后，海军大臣温·丘吉尔又打来一封长长的电报，说明英国政府要他继续进行南极考察的理由，这才解除了沙克尔顿的疑虑。

海军大臣温·丘吉尔
给予了沙克尔顿前进的力量

沙克尔顿向莫森购买的“极光”号考察船，也与“持久”号同时出发，它的任务是把一支支援队和部分燃料及食品运送到罗斯海沿岸，由该支援队穿过比德莫尔冰川布设一些仓库，供横穿南极大陆的沙克尔顿使用。

1914—1915 年，南极夏季期间，威德尔海的冰情异常严重。“持久”号在 1914 年 12 月 5 日离开南乔治亚岛的一个捕鲸站后，在快要到达最终的停靠港——瓦塞尔湾时，船被冷酷无情的海冰死死缠住，无法脱身。船体周围起初是半溶状的海冰，但不久就把船封冻在长 5 千米、宽 4 千米的大浮冰中，无法前进和后退，再加大马力也无济于事，只好随冰漂流。突然，一股强劲

浮冰给沙克尔顿带来很大的麻烦

的北风吹来，使封冻船的浮冰迅速前进。正在这时，又刮来一股神秘的南风，与强劲的北风相互抵消，才使他们避免了一场灾难。沙克尔顿的横穿南极大陆的计划刚刚开始实施，船就陷入孤立无援的冰漠之中，身不由己地随波逐流，向西北方向漂移，这使他极为不安。在漂流到南纬 70°时，冰山向他们袭来。

在巨大冰块的冲击下，船体被击穿了 0.6 米大的洞，海水涌进船舱，他们连续往外抽了 3 天海水，并且拼命地去堵洞口，但是毫无用处。沙克尔顿没有办法，只好做出弃船的决定。于是，人们携带 3 只小艇、雪橇和食品，心情沉重地离开那垂死挣扎的“持久”号船，来到近处运动的大块浮冰上。这里，他们距离可能得到援助的地方有 1760 千米。

“持久”号在威德尔海陷入积冰

沙克尔顿离开拥挤着 27 个人的帐篷，警惕地注视着四周冰情的变化。他知道在这恐怖的冰海中，随时都有被海水吞没的可能。他身为一队之长，虽然也很疲劳，但他不敢休息。忽然，他发现一条蛇形冰缝迅速裂向帐篷，情况万分紧急。他赶忙喊醒睡熟的人们，摸黑把帐篷转移到邻近的一块浮冰上，这才转危为安。

“持久”号一连 3 个星期忍受着巨大冰山的相互冲撞，但它仍然被冰冻在浮冰上。人们冒着生命危险，不时地到船上寻找些有用之物。有一天，10 只帝企鹅摇摇摆摆地走了过来，一齐抬头盯着破船，专心注目之后，发出了挽歌般的叫声，声音听起来令人惊恐不安。

1915 年 11 月 22 日，历经冰山折磨的“持久”号再也支持不住了，渐渐地沉没入海。沙克尔顿一行仍然停留在漂移的海冰上。船沉了，使他横穿南极大陆的计划化为泡影。现在，最重要的是如何确保大家的生命安全。沙克尔顿义不容辞地挑起了这副重担，他在商船上当学徒期间，到过世界许多地方，见多识广；他在历次南极探险中表现出众；尤其他那做事果断、不畏艰险的大无畏精神和崇高理想，一向被大家所崇拜。此时此刻，全队人的性命都寄托在他的身上。处在冰海围困的沙克尔顿本人，当然不能有其他人那种恐惧不安的表现，他像平时那样地沉着和坚定自若。他和大家一道分析了所处环境的危险性，以及得到援助的可能性。

登陆象岛

南极的夏季到了，帐篷里特别闷，浮冰的表面渐渐变成冰泥。他们几次想移动一下帐篷，都因冰不牢固而告失败。食品也成了问题，虽然经常派人抓些海豹来吃，但也不得不把 4 支狗队的狗射死充饥。人们的情绪变得急躁不安，有的因 些生活琐事争吵不休。此时，沙克尔顿很理解大家的心情，他耐心向大家解释，人与人之间的某些矛盾，会导致战斗力的衰退，这种衰退，就意味着生与死两种绝然不同的前途。他鼓励大家，务必要齐心协力，同甘共苦，克服困难，争取胜利。

圣诞节和元旦快到了，要想到达波利特岛显然是不可能了。他们仍然呆在冰上随冰漂流。现在唯一的希望是漂流到克拉伦斯岛或象岛，若不能到达其中任何一个岛的话，就只得听任大西洋的摆布了。

直到 1916 年 4 月 9 日，他们随冰漂流到碎冰边缘，小船周围冻的冰化开了，于是三只小船都顺利地下水了。就在这天夜里，一架帐篷和一名队员落入水中，经沙克尔顿的奋力抢救，那个还在睡袋里的落水者才幸免一死。

现在不是随冰漂流了，而是划着小船前进。冰山激起的巨浪，不时地向小船扑来，水手们的衣服被海水打湿，不一会儿就冻成了冰人。小船上没有淡水，食品也不充足，他们嘴干口渴，饥寒交迫，还要忍受着盐水刺激冻伤部位的剧烈疼痛。他们白天划船前进，夜里在冰上扎营休息。

4月16日，即“持久”号遇难的第6个月，沙克尔顿终于率队员们登上了象岛。这是一个小岛，找不到任何可以救命的东西，只有一些企鹅栖居在这里，但不久也都迁走了。沙克尔顿认为，他们不能在这里冒寒冬的威胁。于是，他决定带5个人，乘长6.85米、宽1.8米的小艇“詹姆斯·凯尔德”号航行到南乔治亚岛，以寻找捕鲸者的援助。

南乔治亚岛，沙克尔顿曾到这里寻找捕鲸者的援助

这是极地探险有史以来最著名的一次航行，因为他们面前所处的是世界海洋中风暴最多最猛烈的海区，即使是大船，沉没于惊涛骇浪的海难也屡见不鲜，况且这只小艇只有6米多长，这简直是对大自然的嘲弄。

沙克尔顿虽然在海军中服过役，但对驾驶小艇并不在行。幸运的是，沃斯利中校有驾驶小艇的丰富经验，还有一个队员也曾在此海当过捕鱼猎手。于是，他们动手加固了小艇，用帆布把雪橇和箱盖盖好，放在前后甲板之间的空余地方。队员们冒着呛人的气味，烧起海豹油，把冻得硬邦邦的帆布，一寸一寸地烤软，缝起来，做成一张风帆。

艰难求救路

4月24日清晨，沙克尔顿等6人乘“詹姆斯·凯尔德”号，带着30天的食物、淡水和燃料，动身出发了，留在岛上的人们，以热茶为他们送行。他们首先通过一片奇形怪状的碎冰群，当夜幕降临时，他们冲出碎冰群，象岛在他们眼里只是海平面上的一个小黑点了。

沙克尔顿把队员分成2班，3人观察和操纵小艇，3人挤在甲板下潮湿的睡袋里休息，4 个小时换一次班。然而，小艇随着风浪上下颠簸，休息的人被弹上弹下，得不到安宁。风浪又不时地把海水涌进船内，他们需不断地往外掏海水。

激励他们不断前进的是船上的定时热餐。烧饭时，两名队员坐在小艇最宽的地方，背靠船帮，把汽化油炉夹在双脚之间，再由炊事员汤姆·克林煮"胡什"。所谓"胡什"，是用猪油、燕麦片、牛排、植物蛋白质和盐、糖混合制成的一种砖块状食品，放在水里一煮，就变成可口喷香的浓汤。他们喝着汤，吃着饼干和糖块，沙克尔顿还要求队员们，在接班时必须喝杯奶粉做成的热牛奶。

他们就这样在漫无边际的南大洋中航行了 14 天，航行了 1280 千米，终于来到了南乔治亚岛。沃斯利驾驶着小艇，慢慢地靠近海岛。谁知这时海上突然狂风大作，小艇被吹离了岸边。他们在海中漂泊了好几个小时，后来风向变了，又把小艇吹向岸边。6 个疲惫不堪的人连续奋斗了 9 个小时，尽管海岸近在咫尺，可他们却无法靠岸。他们眼看着一艘从阿根廷开往南乔治亚岛的 500 吨的大船被风吹翻，沉入海底。

第二天清晨，沙克尔顿试图找一个登陆点，但狂风依然不停地刮，淡水用完了，他们就口干舌燥地整天与风搏斗，直到夜幕快要降临时，船才在金哈康湾靠了岸。

他们把船上的储备品一一搬上了岸，又试图把船也拉上岸，但没有成功。沙克尔顿留下一人看船，其他人就地休息，过了几小时，全体队员出动才把船拖上了岸。

他们的命运实在太糟了，因为他们求救的捕鲸站在岛的另一面，要到那里，或是横穿小岛，步行而去，或是乘小艇前往。小艇现在破烂不堪，无法再继续航行了，而且 2 名队员的身体极为虚弱。于是，沙克尔顿决定先休息几天，边恢复体力，边准备食物（捕杀海象）。

6 个人当中，只有沙克尔顿、沃斯利和克林的身体还能顶得住，于是，沙克尔顿决定他们 3 个前去求援，其他 3 人留下。5 月 19 日，沙克尔顿等 3 人带着汽化油炉、一套炊具、一把手斧、48 根火柴和 15 米长的登山绳及一些食物出发了。他们在刺骨的寒风中走着、爬着，翻过了一座 1200 米的高山，最后来到了一个险峻的山坡旁。他们好不容易爬上了山坡，可是下面漆黑一团，他们3个只好手拉手，坐着滑了下去。这是他们整个旅程中最危险的一段路程，因为不知道前面等待着他们的是什么。但命运这次没有捉弄他们。当他们下滑一阵子休息时，已下滑了1.6千米，这等于他们历尽艰辛爬上山坡的一半距离。在以后的行程中，他们不时用指南针来校正方向，也不时停下来休息并吃点东西。最后，经过36个小时的艰难行进，这三个衣衫褴褛、污秽不堪的人，披着满头长发，终于找到了挪威捕鲸站。捕鲸站的管理员李利船长，是沙克尔顿和沃斯利的好朋友，当他见到这三个人的时候，竟然连沙克尔顿也认不出来了。

成功救出队友

12小时后，一艘捕鲸船载着沙克尔顿、一名英国捕鲸者和一名挪威志愿船员，向象岛驶去。但不久就被110千米宽的浮冰挡住了，几经努力都未成功。因该船只带了10天的燃料，又没有破冰能力，只好撤回驶向马尔维纳斯群岛。在这里，沙克尔顿第一次与外界取得了联系。当时正值战时，英国海军部没设置援救南极考察队的机构，但是，沙克尔顿与巴西的乌拉圭亚纳的拖网渔船取得了联系。在6月份，他驾渔船去象岛，看到了象岛，但没能靠岸，因为只带了3天用煤，他不得不回到福兰克群岛。在那里，他紧盯着麦哲伦海峡，看是否有英国的货船经过。然而，他失望了，观察了许久，也未见一艘英国货船经过。他只好租了一艘船龄40年的纵帆船，去搭救象岛上的22名队员。可是，出师不利，再告失败。8月，他借到智利的一艘拖船，第四次去象岛。这艘船是钢壳船体，不耐冰，但非凡的沙克尔顿找到了一条容易接近象岛的航道，在8月30日终于到达了离别4个半月的象岛。岛上的人们，在最后的几周内，一个个饿得死去活来，但仍然坚信沙克尔顿队长会来营救他们。当船靠岸时，他们高兴得快要发疯了。简短的庆贺之后，队员们都上船返回欧洲。

此时，沙克尔顿的营救工作还没做完。与“持久”号同时起航的“极光”号，顺利抵达罗斯海沿岸后，支援队就穿过比德莫尔冰川去设置仓库，就在这期间，一场暴风把“极光”号的锚链刮断了，船受损严重，在罗斯海漂泊了几天就回新西兰了。然而，支援队的10人被弃留在罗斯岛的埃文斯角。沙克尔顿赶到新西兰找到“极光”号，很快修复好，就随船到罗斯岛接回岛上的支援队。至此，沙克尔顿的这次“横穿南极大陆的考察”才算告一段落。全体船员和队员得救了，无一人失踪。

1922年，沙克尔顿组织领导第三次南极考察队再度赴南极。但他到达南乔治亚岛时却突然发病，这位杰出的极地探险家不幸逝世，年仅48岁。

南极大陆的航空探险

航空探险的利弊

在南极大陆上空飞行是很危险的。因为极端的寒冷经常使飞机的设备失灵，机油有可能在着陆时冻结。着陆也很困难，南极夏季阳光从白色地面上反射，分外耀眼，以至于使驾驶员形成一种错觉。结果，有的地方，在空中看起来很平滑，但它很可能是迷惑人的雪脊，这对着陆是很危险的。迅速上升的南极雾或暴风雪，在几秒钟内能使驾驶员悬浮在“牛奶的世界”里，这就是南极特有的危险天气——乳白色天空。这种现象一出现，就使能见度等于零，甚至你伸出手去都看不清五指，何况空中的驾驶员，东西南北，甚至上下都无法辨认。遇到这种天气，十有八九要出事。

导航就更困难，磁罗经在南极洲没有用，道理很简单，在南极点没有东西南北之分，四面八方都是北。南极的风驰名全球，莫森曾记录到90米/秒的强烈风暴（相当于12级台风的3倍），当然，这种天气飞机无法飞行。由于南极上空瞬息万变，飞机起飞时无风或小风，但一会儿遇上大风是常有的事。风能把飞机吹离航线，因此，驾驶员不得不使用航位推算法和目测来导航。暴风雪还能叫拴在地面上的飞机遭殃。在1929年，当伯德的副指挥L·M·古尔德带着两个伙伴进行一次从小美国基地到毛德皇后山脉的2小时飞行前，一场暴风雪使他们固定在地面上的飞机受到损伤，这次考察计划成了泡影。

然而，飞机的应用其优点是不容置疑的。沙克尔顿和英雄时代的其他探险家，从地面上能够看到的范围只有约 5 千米宽的长条。他们绘图的精度取决于草图和偶尔的照片。但是，地面以上 600 米处飞机里的驾驶员，能够看到 96 千米以内的范围。使用好的航空照相机和准确的地面控制站，他能沿飞行路线测绘 192 千米宽的带状区域。如果飞机飞到 1525 米的高度，那么，驾驶员就能在航线的任何一边发现 149 千米宽的新陆地。

乘飞机对南极大陆进行广泛地航空测量，这在 20 世纪 20 年代，算得上是一个伟大的创举。

1928 年 11 月 26 日，英国的休伯特·威尔金斯爵士和卡尔·艾尔森从欺骗岛驾机起飞，首次在南极半岛上空进行了长距离地飞行。他们根据空中观察和所拍摄的航空照片研究指出，在太平洋和威德尔海之间，至少有 4 条海峡。正当人们赞扬威尔金斯的地理学发现时，鲁米尔警告说，那里常年被冰雪覆盖，低平的谷地中也都充满着厚厚的积雪，这就使人很难分辨出是低谷还是海峡。威尔金斯的发现，直到 1936 年才被推翻，鲁米尔领导的一支英国探险队证实，那 4 条海峡并不存在。

伯德首次飞越南极点

1926 年 5 月 9 日，美国海军上将里查德·E·伯德曾与驾驶员弗洛伊德·贝内特一起，成功地飞越过北极点。尔后，在一次宴会上，他对阿蒙森说，他要飞越南极点。阿蒙森说：“一项重要的工作，是能够完成的。你的想法很对。”

1928 年的晚些时候，伯德正式宣布飞越南极洲的计划。10 月 11 日，伯德率领一支由 2 艘远洋舰、4 架飞机、雪上运输车和 50 名队员组成的庞大的美国探险队，从旧金山出发，经过赤道，驶向南大洋，于年底到达罗斯冰障。这次探险的任务，包括探测毛德皇后山脉的地质情况，弄清现在的玛丽伯德地以东的地形地貌，精确测定鲸湾和飞越南极点的空中

伯德和他的搭档贝内特

探险。

在 1929 年 11 月 29 日，伯德率领驾驶员巴尔肯、副驾驶员哈罗德·琼、摄影师阿什利·麦金利一行从小美国基地起飞，开始时，能够拍摄下面山脉的照片，但不久就陷入了严重的困境。飞机只有升高到 3000 米以上的高度，才可以避免撞到极地高原前面的山峰上的危险。于是，伯德命令随行人员扔下 110 千克的食品，以便减轻飞机的重量，结果飞机爬到超过山峰 120 米的高度，才安全进入极地高原上空，不久就到达南极点。

伯德回忆说："我们在阿蒙森于 1911 年 12 月 14 日停留过的地方，也就是 34 天后斯科特呆过和读阿蒙森留给他的便条的地方的上空，停留了几秒钟……那里现在没有那种场面的任何标志；只有荒凉寂寞的雪野，回荡着我们飞机发动机的声音。"

想当年，美国探险家皮尔里远征北极点共用了 429 天，阿蒙森到达南极点往返也花了 98 天，而伯德乘飞机从小美国基地起飞，经过南极点再回到原地降落，总共只用了 9 个半小时。

伯德首次考察期间，除成功地飞越南极点之外，还进行了陆上重大旅行考察。古尔德率一支陆上旅行考察队到罗斯冰架南边的毛德皇后山脉考察，结果发现该山脉是维多利亚地山脉的延续，从而确认了这样一个事实，即南极洲被一个现在称为南极横断山脉的大山脉一分为二。

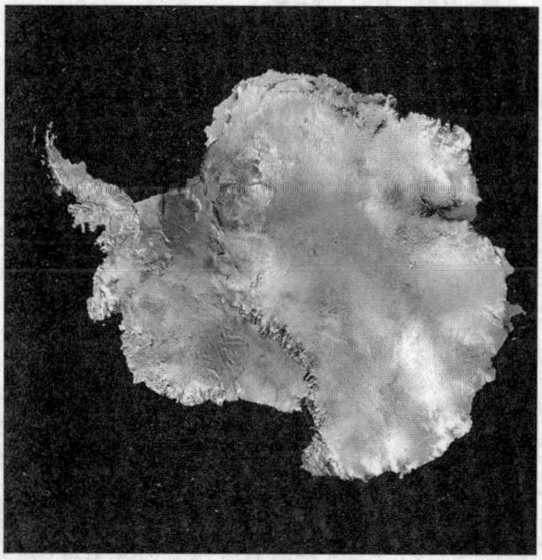

南极洲地形图

伯德把他的南极考察视为美国自身的缩影，他把在鲸湾建的基地取名为小美国。伯德南极考察的财政支持者是掌握国家命脉的财团领袖：洛克菲勒和 E·福特，还有《纽约时报》、其他数以万计的个人和组织。《纽约时报》在伯德南极探险活动的沿途，都派出了记者。为了挑选杰出的童子军随考察队，举行了全国性的比赛。优胜者 P·A·赛普尔，19 岁，1928 年到了南极洲，他和古尔德一起成为美国“南极人”的下一代领导人。

1928—1930 年，伯德首次南极考察，观察、测绘和要求比任何其他国家考察队都多的陆地。他们从飞机上拍摄了南极洲大约 39 万平方千米的区域。伯德在从鲸湾飞往内陆的一次飞行中，他看到了以前谁都未曾见过的山区，他用爱妻的名字命名为玛丽伯德地，为美国提出了西经 150°以西大片陆地的领土要求。伯德首次南极考察的成功，使他得以晋升，尽管他在 1916 年受伤后就退出了现役，但根据国会的特别法，他晋升为海军少将。

伯德的第二次南极考察

1933—1935 年，伯德组织领导了第二次南极考察，其目的在于扩大第一次考察的成果。

这次考察队规模比第一次更大，全队成员共计 120 人，包括各学科专家、学者，配备了 4 架飞机，加上第一次考察时留在小美国基地的 2 架，共有 6 架，其中 1 架是直升机，另外，还有 6 台拖拉机、150 只爱斯基摩狗和够用 15 个月的食品及燃料。

1934 年伯德重返鲸湾，重建了小美国基地。从这里出发，往东和往西的考察飞行，测绘和扩大了早期发现的区域。这次考察发现了罗斯冰架上隐藏一冰高地，把它命名为罗斯福岛。伯德第二次考察飞机飞行航程共计 3.1 万千米，测绘面积达 116 万平方千米。在地面上，靠拖拉机牵引，一共行进了 2100 千米。科学家们观测了宇宙射线和高空气象现象，用回声测深法勘测了冰层厚度，从而断定大陆冰盖和罗斯冰障的大部分是在地面以上，罗斯海与威德尔海并不连通。

伯德这次考察的目标之一，是在南极内陆连续进行整个南极冬季的气象观测。因为以前在岸边考察的每支考察队，都深受内陆发生的恶劣天气折磨之苦。

1934 年 3 月，陆上拖拉机拖着伯德建立“前进基地”的队员向内陆挺进。由于天气条件和其他问题，迫使他们仅在离小美国基地 160 千米处，建立了他们的营地。由于冬天逼近，营建时间短，结果新建的前进基地比原计划要小得多。因此，伯德决定独自一人在地面以下建的 2.7 米宽、3.9 米长的冰屋里过冬。

伯德独自一人在“冰晶宫”中住了6周后，开始感到有些不舒服，两眼发疼，看不清字样，头也有点晕。起初，他并不大介意，但后来就有些吃不消了。他反复找原因，可能是煤气（一氧化碳）在作怪。他仔细地检查了炉子，发现烟筒接头不严，而且烟囱出口被雪堵塞，经过修理之后，情况有些好转，但是，来自发电机的烟（含有一氧化碳）一再与他作对，几经修理，都无济于事。他开始周期性地失去知觉，也吃不下东西。但是，伯德是一位意志顽强的人，尽管他随时都可以与小美国基地进行无线电联系，可他始终没把自己危险的处境告诉他们，而且还坚持着进行气象记录。因为他不想叫人们冒南极极夜的危险来援救他。最后，是他那发给小美国基地的莫名其妙的电报引起了人们的警觉。于是，马上派出三人救护队，乘拖拉机摸黑行走了1个多月，在8月10日才找到伯德住的地下冰屋。

一见到他，他们都惊呆了。他那凹陷的面颊，憔悴的表情，显然是经历了一场难以忍受的折磨。在三名救护人员的护理下，伯德逐渐地恢复了健康，他们三人和伯德一起在这个小屋里住了2个月，待南极极夜过去才离开这里回小美国基地。这种惊人的忍耐力，比得上沙克尔顿在1909年奔向南极点的艰苦努力，也比得上斯科特的决心。

后来，伯德的信徒、童子军的获胜者赛普尔问他那样做是否值得，伯德认真地回答说：“值得，我学到了许多东西，但我决不想再去进行那样的体验。”

“雪上旅行者”

在1939—1941年期间，在美国政府的支持下，伯德领导了第三次南极考察。值得注意的是，这次考察使用了一种独特的科学考察机械，名叫“雪上旅行者”，它长16.75米，宽6米，高4.5米，满载时重33.5吨，安装有直径3米的轮子，每个重3吨。该机械用柴油发电，顶上装一架小型的用于侦察的飞机。里面有生活住处、实验室、机械间，甚至暗室。它可携带行走8000千米用的燃料，飞机用的汽油和4人够用1年的食品。它实际上是一个小型的可移动的营地。用它到达南极点抱有很大希望。波尔特负责把它从“北星”

号辅助船运到罗斯冰架上。但是，令人遗憾的是，“雪上旅行者”向南极点只前进了5千米，因遇到1.6米高的雪脊，轮子就陷入雪中不动了，只得把它和飞机留在西基地。

尽管这样，伯德的第三次考察还是成功的。他使用了2个基地，一个是赛普尔领导的小美国三号（西基地），另一个是布莱克领导的斯托宁顿岛（东基地）。他直接或间接负责的测绘区域，比任何其他南极探险家都大。考察队从东西基地进行了远距离的航空测量，3次飞过阿蒙森海中的大块浮冰，从而确定了埃尔斯沃思高地和沃尔格林海岸的位置。雪橇队到达了西南面的乔治六世海峡和威德尔海西南沿岸，进行了科学考察。在两个基地上，均进行了综合学科的科学考察。

最富有戏剧性的飞行

林肯·埃尔斯沃思，美国人，家庭条件非常优越，他继承了一个煤矿和一个瑞士城堡的财产。他喜欢土木工程和生物学。他曾在1926年与阿蒙森一起乘飞艇飞过北极点。他把南极洲看作是一个世纪前的美国西部，而把自己想象为一个南极航空的“开拓者”。他崇拜怀亚特·厄普，并在床头保存着厄普的子弹带，在飞行时总把它带在身边。他曾写道：“厄普在火热的时代，一开始就进入了美国西部地区，并且一直到西部热结束时才放下枪。”

1935年埃尔斯沃思去了南极半岛。他与飞行员赫伯特·霍里克－凯尼恩一起，从南极半岛顶端的邓迪岛起飞，纵贯南极半岛和横穿西南极洲，飞到鲸湾东南26千米处。且不说其航程长达3700千米，并且航行区绝大多数是人们一无所知的荒野，更重要的是，2架飞机在途中先后着陆4次，首次证实了飞机可以在南极大陆进行多种项目的考察作业，可以代替长距离的雪橇旅行考察。在飞行中，埃尔斯沃思发现了森蒂纳尔山脉和霍里克—凯尼恩高原。在他的第一营地处，他把西经80°和120°之间的906万平方千米的陆地宣布为美国所有。

1938年他乘“怀亚特·厄普”号船又来到南极洲，计划从恩德比地起飞，经过南极洲内陆到达南极点。但计划落了空，埃尔斯沃思只好驾船极力

埃尔斯沃思地

向海岸靠近，以便考察近海岛屿的地质。由于大块浮冰阻拦，缺少良好的基地地址和突然事件，包括一名海员从船上掉到水中，决定迅速返回到文明世界。然而，在向北返回之前，埃尔斯沃思在1939年1月11日完成了一次内陆飞行，往南飞到南纬72°，他在那投下了一个领土要求的标记和一面旗子，为美国要求了大约20万平方千米的陆地，并且把它命名为美国高地。

“跳高行动”计划

所谓“跳高行动”，指的是美国要跳到世界最高的大陆上进行军事演习。这次派出舰船共13艘，其中包括著名的“北风”号破冰船和3.5万吨的航空母舰，出动各种定翼飞机19架，直升机7架，履带式拖拉机、吉普车和开路车若干。参加的人员包括军人4700名，科学家和观察员51名。

这次行动的目的，是在南极环境下训练人员和武器装备；巩固和扩大美国在南极洲拥有的基地；海上基地位置的选择、建设、维修和使用；冰上、空中作战装备的应用与保护；确定要发展的技术；进一步了解水文、地理、地质、气象和电磁波在南极洲上空的传播。

这次行动的指挥由伯德担任，然而与前几次考察不同，这次是官方出面组织的，其真正的指挥官是海军少将 R·H·克鲁兹。他曾在 1939—1941 年美国南极考察和第一次军事演习期间，担任“熊”号舰的指挥。这次行动，他启用了许多不熟悉南极环境的人，结果遇到了许多困难。1 架巡逻飞机在乔治王岛上空坠毁，3 人遇难，这是发生在伯德考察队的首次死亡事故。

代理国务卿迪安·艾奇逊要求考察队“采取适当的步骤，如把成文的主权要求存放在石堆里，空投装有主权要求的容器等”。据此，考察队在这一期间，总共设下了 68 个主权要求标记。

美国在 1946—1947 年进行的这次考察，尽管主要目的是军事和政治上的，但在科学上的成果是惊人的，由于广泛地使用了飞机，对南极洲沿岸的 60% 进行了观测和摄影，其观测面积达 390 万平方千米，航空摄影 1.5 万千米，在 64 次航空飞行中，获侦察照片 7 万张，确定了 18 个山脉的地理位置，拍摄了印度洋下坡的 2 个无冰区。

“风车行动”计划

“跳高行动”计划在某种意义上说是失败了，原因是对南极洲 77.7 万平方千米的摄影，它仅是这次考察目标的 1/4，而且，航空摄影的许多地区缺乏适当的地面控制点。因此，在 1947—1948 年，海军又进行了“风车行动”计划。这次考察的任务包括建立地面控制点，并继续进行航空测绘。代理国务卿罗伯特·洛维特重申了艾奇逊的领土要求政策。结果，考察队在考察期间又安放了 12 个领土要求标记。在东南极洲沿岸，考察队力图到达传说中的温暖地方——班戈绿洲，这是前一年班戈从飞机上看到的。考察队的破冰船向这个所谓的绿洲行进时，的确发现了连绵的温暖海岸，但它被大块浮冰所包围，从海上难以接近。然而，考察队发现了附近的风车群岛和登陆良港文森尼湾。他们设立了 10 个地面控制点和三角测量网点，进行了海洋学观测，连续回声测深，绘制出冰的位置及类型图。在陆上进行了生物学、地质学及气象学的观测。直升机用于地面指挥、冰情侦察、运送考察人员到海岸去考察。

克里斯滕森及其夫人

克里斯滕森是挪威一位富翁，他曾在1926—1937年期间资助过许多南极探险队，他的大量财产都是从捕鲸业中得来的。他的这种做法是从其父那里学来的。早在1892年，其父就资助拉森驾驶“贾森”号船去威德尔海探险。克里斯滕森代表挪威的探险行动开始于1927年12月和1929年2月，分别在布韦岛和彼得一世岛登陆。虽然在此之前，已有探险队发现这两个岛屿，然而都被他宣布为挪威的南极领土。以后几年，挪威人把注意力主要集中于东经20°~45°之间的沿岸地区。在1929—1930年期间，他们对恩德比地和毛德皇后地的部分地区进行了航空考察，结果发现了玛莎公主海岸，并宣布了所有权。在挪威当局告知克里斯滕森，政府已经承认了英国对恩德比地的主权要求后，挪威对恩德比地的主权要求的声明才宣告作废。

在1933—1934年的南极夏季，克里斯滕森和米克里逊发现了利奥波德海岸，驾机航测了阿斯特里德海岸，并对莫森发现的麦克·罗伯逊地的部分地区进行了航空摄影。

在1934—1935年夏季，发现了英格里德、克里斯滕森海岸，并进行航空测量。1935年2月，挪威人在该海岸登陆，其中包括米克里逊夫人，她成了登上南极大陆的第一位女性。1年之后的2月4日，克里斯滕森夫人创造了比米克里逊夫人更好的成绩。她在这天的飞行中，发现了哈拉尔德王子海岸。这一连串的挪威探险行动，发现了2084海里长的南极海岸线，并航空测量了8万平方千米的南极大陆。除了在英格里德海岸和克里斯滕森海岸的3次登陆外，挪威人还从飞机上向各个地点投下了挪威国旗，这种方法成了后来宣布主权要求的一种常用手段。

闪电式的飞行

在1938—1939年的南极夏季，阿尔弗雷德·里切尔率“施瓦本兰”号船计划到达南极大陆的格林尼治经度区。德国这次南极航行的目的，在于为德国涉足南极，对南极大陆提出领土要求创造条件。里切尔利用船上的水上飞机完成了一次闪电式的飞行。在短短的3个星期中，里切尔取得了很大的成就。尽管其飞行的时间总共只有6天半，但对35万平方千米的陆地进行了航空摄影，并利用照相和观察手段对60万平方千米的地区进行了空中侦察，飞行距离达1.2万千米。同时，每隔25千米投下一面德国国旗。德国在对此航次的报道中，骄傲地声称：在对南极提出主权要求的国家中，没有一个国家能像德国这样，对其探险队所发现的陆地，了解得那样清楚、绘图数据那样精确。

知识点

探险与主权要求

在15、16世纪之前，探险活动发现一块无主的土地，在无需任何其他行为的情况下，就可以取得该地的完全主权。但是在18、19世纪之后，随着国际法的不断完善，对一块无主地取得完全主权并不取决于谁最早发现，而是取决于最先占领和有效管理两项原则。

南极在被探险家发现之后，其冰雪覆盖下的丰富自然资源就成为了各国争夺的对象，各国对南极地区的主权要求便是在这种背景下发生的。目前，关于南极主权问题各国观点不一致。为了缓和这种矛盾，1959年以来，各国就南极自然资源保护和科考工作签订了一系列的公约。

中国人登上了南极大陆

澳大利亚伸出友好评

中国参与南极探险与科考是在20世纪80年代。最早踏上南极洲的中国人是董兆乾和张青松。他们在1979年应澳大利亚南极局的邀请，作为科研工作者，访问了该国在南极的莫森站。第二年，他们再次受到邀请奔赴南极。在这次与澳大利亚的联合考察中，张青松成为中国在南极越冬的第一人，而董兆乾则首次代表中国历险冰海，闯荡南大洋。

1980 年 1 月 12 日董兆乾（左 1）、张青松（左 3）
从新西兰南岛基督城飞往南极麦克默多站前合影

1980—1983 年，中国走向南极的约有 32 人，如谢自楚、位梦华、罗钰如……其中，蒋加伦可以算是其中最有戏剧意义的人物了。

蒋加伦是个生物学家，他是 1982 年 10 月到达澳大利亚在南极的戴维斯站——在中国艰难的起步中，澳大利亚是第一个伸出友好之手的国家，他是去进行沿海水域浮游生物分布研究的。第二年 2 月 3 日，他与澳大利亚的伯克博士驾着小艇到 9 千米外的爱丽丝湾去调查，由于艇小浪大，不慎落入海中。伯克身强力壮，很快游到了岸边，而当他站起来回头一看，蒋加伦还在冰凉的海水中折腾。小艇的落水点距岸仅 30 米。蒋加伦本来善于游泳，但由于冷冻和紧张竟然伸不开手脚。他后来好不容易爬上一块浮冰，想从浮冰上走到岸边，但僵直的腿失去了往日的灵便，又一个跟头摔进海里。伯克见状立刻再次下水把他拉了上来。

这时他们所有的东西都失去了，无法与戴维斯站联系，所以只能等待救援——预定下午 4 点会有直升机来接他们回去。这就是说，他们得在冰原上坚持 6 个小时，才能获救。伯克开始跑步，而蒋加伦则反复运动麻木的四肢，撑爬起来，再倒下去，倒下去再爬起来，同时做中华传统的气功，以维持其生命的延续。

等到直升机准时到达的时候，蒋加伦的体温已降到30℃。他完全冻僵了，但神智还清醒。经过抢救，蒋加伦居然恢复了健康，并且按照原计划在戴维斯站越冬考察。南极遇险，对世界各国来说算不得一件大的新闻，但蒋加伦落水受难的消息传到中国国内，牵动了无数民众的关切之心。他归国之后见到了极其壮观的欢迎场面。这场面反映了当时中国人对陌生的南极所产生的热切关注。

走向南极的中国妇女

1983年，应新西兰的邀请，李华梅有幸地成为第一个登上南极大陆的中国妇女。

在她之后的第二批去南极的中国妇女是王先兰和谢又予。她们作为中国南极考察二次队的成员，到达了“长城”站。王先兰的科学考察结果是在乔治岛的海滩里，发现自然金富集的现象。正因为此，她于1990年又去了一次乔治岛，进一步调查了“长城站”附近的海滩。

接着去南极的中国妇女是金庆民，她开始是作为三次队的考察队员，在“长城站”作了些野外的地质考察；而后则在1988年，参加了中美联合登山队，攀登了南极的文森峰。虽然她最后并未登上顶峰，但却由于她在文森峰的山坡上发现了铁矿，一时成为新闻人物。

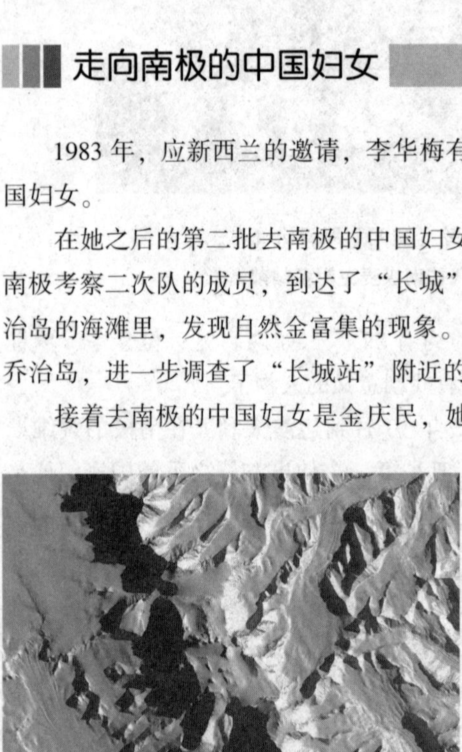

从太空拍摄的文森山

文森峰位于西经85°25′，南纬78°35′，主峰海拔5140米，攀登高度为3500米。由于山峰峻峭，冰雪难以滞留，所以裸岩面积较大，地质构造也较为清晰，被称为南极大陆地质考察的“风水宝地”。

1988 年 11 月 27 日，金庆民与中美联合登山队的其他队员一起乘机到达了文森峰下的基地。她是该登山队的唯一女性，因此分外引人注目。

1 月 28 日，登山队队长麦克下令朝文森峰的一号营地进发。上午天高云淡，是少有的好天气。但到下午，他们刚开始在一号营地搭着帐篷，天色突然变阴，接着狂风卷起漫天的飞雪，横扫滚扑而来。好在暴风施虐时间不长，到午夜，它又倏地平息了。

翌日，他们开始向二号营地攀登。金庆民没走几步就力不从心了。她已经 50 岁出头，体力早不似年轻的时候，再加上头天在朝一号营地行进的途中，脚踝扭伤，又红又肿，走一步都感到揪心的疼。但金庆民还在咬牙坚持。

看她步履蹒跚的样子，美国人劝她休息，她不肯，继续慢慢地跟着走。后来还是在登山队里的中国队员的劝说下才停了下来。

金庆民独自一人留在了一号营地，但她并没有闲下来。当队友们的身影消失在远方时，她她立即背上了地质包，走出帐篷去作野外考察。

铁矿石

她到了一面冰坡，冰坡上头是一道裸露的山脊。她爬了几次，40°陡的坡面滑得像面镜子，累得汗流浃背，还是没有爬到那道山脊。她回到了帐篷，稍稍打了一个盹，又走了出去。此时的南极正处于极昼时期，她在当天的 23 时终于到达山脊。她边爬，边测量岩层，绘制地质剖面。突然她发现山脊的一端是厚厚的赭红色的岩层——赤铁矿层。她爬过去，做好记录后，又从地质包里取出一面小小的五星红旗，插在那矿层的露头上，然后取出相机，拍了不少照片。

12 月 3 日凌晨 2 时，她回到帐篷，开始整理她的岩矿标本。这时候，登山队已经胜利地登上文森峰顶回来了。他们相互交换成果与感受，都感到无比的幸福。

中国出征南极大陆

准备出征

1984年10月13日下午4点80分，首次赴南极考察队队员在人民大会堂四川厅受到万里、胡启立同志的接见。在接见中万里同志在此嘱托考察队员们要充分准备，保证船只不出事。因为这是我国进入南极科学考察领域，而且是大规模派出考察队。

南极大陆首次被发现后，各国科学家、探险家争着去南极探险考察，于是南极神秘的面纱逐渐被揭开。但当时占世界人口1/4的中国，在南极大陆始终没有一个立足点。由于历史上帝国主义的侵略，内患外乱，国弱民穷，去南极考察成为中国可望而不可即的事情。经过建国后多年的努力，特别是党的十一届三中全会以后，中国不断复兴，政治上是空前的安定团结，经济上是日益繁荣昌盛，至此中国才组建了自己的南极考察队。中国国对南极的考察将是科学考察历史上的一个创举。

中国首次赴南大洋、南极洲考察队组成后，国家南极考察委员会办公室决定为考察队设计制作队徽。经过反复讨论修改，确定了图案：海蓝色的徽底，中间是银白色的南极洲大陆轮廓，“中国南极考察队”的中、英文字环绕在它的周围。队徽图案的含意是：中国南极考察队员肩负祖国人民的重托，远涉重洋，斗风浪，战严寒，破冰雪，奔赴南大洋，登上南极洲，进行科学考察，建立南极长城站，为人类和平利用南极做出贡献。

队徽设计方案确定后，部分人认为在队徽的中央应该再加点内容，突出中心，于是经过研究决定根据“中国南极考察队”的英文名字造个新词——CHINARE。如果把这个词拆开，CHI代表中国，字母N，即National，字母A，即Antarctic，字母R，即Research，字母E，即Expodition，分别表示国家、南极、考察、远征队四个含义。

队徽确定了，还有一个重要的内容需要确定，就是航线。

数百名勇士将要乘船去南极考察，必须保证航行的安全，同时还要考虑要经济、可行。为此，航海指挥处也提出了许多设想。其中最理想的一个是斜插南美洲的设想。这条航线可以比其他航线节省 8 天路程，可为国家节省几十万元。于是这个设想成为了中国南极考察队的航线的第一方案。

航线设计细致复杂，需要丰富的航海知识和实践经验，要考虑到气象、水文、岛屿、暗礁，以及政治、经济、军事等多种因素，还要充分估计到瞬息变化的海上情况。以往，我国远洋商船极少经太平洋斜插阿根廷的航线。从上海斜插乌斯怀亚的航线，国际上也没有先例。

国家海洋局和有关单位领导召集选择航线会议。在这次会议讨论了第二方案——斐济航线和第三方案——赤道航线，以及第一方案。第一方案的设想是上海—宫古海峡—加罗林群岛—吉尔伯特群岛—社会群岛—合恩角。这条航线的优点有：除了世界几个风浪区之一的宫古海峡附近风大外，其余海区风浪都不大；过了西风带，以后基本是顺风，沿途岛屿多，有利于救助和精确定位，这样船上人员疲劳程度可大大减轻。于是第一方案顺利通过，横渡太平洋的航线确定了下来。

直奔南极

1984 年 11 月 20 日，中国南极考察队的全体队员分乘“向阳红 10 号”远洋科学考察船和海军“J－121”打捞救生船，正式出发奔赴南极。由于航线设计得非常合理，所以一路上并没有遇到多大的困难，并且经过 37 天，2 万多千米的航程，最终按计划到达了阿根廷最南端的乌斯怀亚市。经过短暂的休整，两船离开阿根廷最南端的乌斯怀亚市，开始了向极地冲刺的阶段。他们首先进了德雷克海峡。

向阳红 10 号

德雷克海峡长 300 千米，宽 1000 千米，是极地风暴路经的海域，风云变幻，波涛汹涌。一般情况下，涌浪高达 4 米，可与好望角相比。但中国南极考察队穿过的德雷克海峡并不像想象中那样可怕、恶劣。海峡上空，阳光灿烂，没有一丝云彩；海峡的风，只有5~6级；海峡的浪，平平常常。两船一前一后，奔驶在湛蓝的天和海之间，甚是壮观。25日12点31分，“向阳红10”号船首先到达南纬60°，西经59°89′。到下午6点左右，海峡的风几乎停了，浪也小了，海上能偶尔看到雪白晶莹的浮冰。巨大的冰块上，一群群企鹅站在上面。

德雷克海峡

考察船顺利地通过了德雷克海峡，马上就要到达南极洲。“向阳红10”号船谨慎地在南极海域劈波前进，“J－121”号紧紧跟在后面。到了晚上12点，中国首次南极考察队顺利通过德雷克海峡，到达了建站考察目的地。

1984年12月26日，中国首赴南极考察编队安全抵达乔治岛。乔治岛是南极半岛北端南设得兰群岛中最大的一个岛屿，东西长79千米，南北宽28千米，海拔高度283米，总面积1160平方千米，大小跟上海的崇明岛差不多。然而，这个岛屿的海岸很不规整，其形状像半截的棱锥。中国南极考察队就要在这里登陆，建立中国第一个南极科学考察站。

选址建站

乔治岛上已有苏联、智利、阿根廷、波兰，巴西、乌拉圭等6个国家建立的科学考察站。为了及时选定站址，考察队慎重研究认为建站必须具备5个条件：①有利对南极进行综合性考察；②必须要有足够的淡水；③地质符合建站要求；④交通尽量方便；⑤大船锚泊距离站地要近，有利登陆艇卸运物资。

原则确定后，考察队领导带着水文、地质、建站等方面的人员，不分昼夜地乘直升机升空侦察；乘登陆艇上岸实地测量，初步选择的8个站址。这

乔治岛

些站址中不是海岸带多软砂，难以登陆；就是多冰川、少淡水、危险性大，或者迂回余地小，场面施展不开。阿尔德雷湾有一块比较理想的滩地，山坡背后有2个大淡水湖，但已被乌拉圭考察队建了站。

为了寻找更好的站址，考察队成员乘小艇来到一个无名海湾，发现该处三面环岛，地势开阔，滩地平坦，可以避风、避浪、避涌，海岸线长达2000米。山坡后面有8个淡水湖。这里是理想的建站场地。后来考察队反复地进行分析、比较，一致认为，无名湾建站有6个优点：①海岸线长，有利今后发展；②“独门独户”建站，便于自己管理；③岸上有地衣、苔藓和各种鸟类，有利于进行海洋生物、气象、地质、地球物理等的综合考察；④有足够的淡水，而且水质经化验，符合卫生条件，可以饮用；⑤小艇抢滩容易，便于运卸物资；⑥交通条件好，建站物资运到建站点的工程量不大，可以一次性运输，而距智利考察站的飞机场近，修一条简易的公路，可以通达。也有它的缺点，这就是海湾有礁石，大船不能锚泊；滩地沙多，松软，建站难度大。但优点远远大于缺点。

29日晚9点30分，考察队员在地球之端的南极，卫星通讯沟通了北京并得到了正式批准。无名海湾命名为“长城湾”。站址背后的一个1000平方米，水深10米的淡水湖命名为“西湖”。“西湖”旁的一个高154.026米的山峰命名为“山海关”。这是中国人第一次用自己的名字在南极洲命名的海湾、湖泊、山峰。

中国南极长城站建站的消息，通过电波滴滴答答越过极地上空，从南半球飞向北半球，从西半球飞向东半球。建造2幢装配式房屋，建筑面积达850平方米，光是螺丝就有1万多个，墙板500多块，大件钢结构200多件，现场的装配工作量相当繁重，何况这是南极。新西兰、澳大利亚在南极的科学站一般都要2个夏季才能竣工；乔治岛的波兰阿克托斯基站，一幢200平方米的房屋，用了1个夏天才完成了主体结构和墙板的安装，剩下的内部装修是留下10几名建筑工人越冬完成的。而中国人却想在短暂的夏季建成科学站。

31日上午11时，从中国运到南极洲的奠基石，牢牢地埋在南极洲的土地上。中国南极长城站，海滩海拔2.681米，中部坡地海拔6.741米，它的位置一直沿着山坡到山脚。为了保护生态环境，考察队员一登岸，就建立鸟类和地衣、苔藓两个生物保护区，用木桩和绳子围成圈，木牌上用中英文写着生物保护区的标志。

为了便于运送物资，专门开辟了简易道路。中国南极长城站的布局是这样的：靠近山脚是工作室；距工作室80米左右的两边是两个生活区。在山顶上建立卫星通信天线。通信设备器材的专用房建在工作室旁，地势最平坦。东方红拖拉机可以一直开到山坡上，非常顺利。厕所建在生活区的200米外。周密的考虑，精心的设计，为今后南极洲的科学考察工作，奠定了扎实的基础。

中国南极长城站全景

在中国南极长城站北面有一个清澈晶莹的湖泊，被正式命名为"西湖"。一块中英文对照的铜制铭牌竖立在湖畔。这是在南极洲上第一个由中国命名的湖泊。

这个湖泊离长城站200米，位于雪山环抱的小谷中。它的东北面是小山坡。南面是一系列由火成岩组成的陡峭的山坡。谷地的出口正对着波光粼粼的长城湾。南极"西湖"的面积为1000平方米，水深10米。夏季，岸边尚留着残雪和冰凌占雪峰和露岩，倒映在清澈晶莹的湖水之中，真可与西湖媲美。这个湖水源充沛，水质较好，即使在隆冬季节，冰面下4~5米仍不结冰，能保证长城站有充足的生活和工作用水。

在南极西湖东侧的小山坡上，来自浙江的考察队员们，还竖立了用不锈钢重力取样管制成的高达4米的立标，上部用不锈钢导向舵做铭牌，写有"中国杭州"字样，导向舵箭头朝上，冲向天际际，表示考察队员们勇往直前的精神。

南极上空的中国飞机

考察队还有一个任务就是用直升机对南极进行航测。而这项艰巨而光荣的任务落在了海航兵某团的副大队长于志刚的身上。

用直升机对南极进行航测，可以说是困难重重。首先，气候难掌握，地形不熟悉，可供辨认的标记太少。其次，直升机的导航设备受地域条件的影响，飞机飞不了多远就听不到地面的指令，雷达也捕捉不到目标。但是，为了战胜困难，到南极的第 2 天，于志刚他们就载着考察队的领导在乔治岛上空察看地形，选择站址。接着，于志刚他们投入了吊运 2 台发电机的任务。在乔治岛建立中国长城考察站，是这次赴南极的重要任务之一。

直升机调运设备

装载在“J121”船上的被称为长城站“心脏”的 2 台发电机，直升机能否按时把它们运上岛，关系到长城站的施工进度，关系到照明器材，取暖设备作用的发挥。但是，连续几天都有 11 级大风，飞机无法起飞。

1985 年 1 月 5 日，天气好转，机务人员早早地把飞机拖出机库。船上的同志们都涌到甲板关注着机组人员。当飞机轻盈地离开甲板，在 20 米上空悬停时，2 台发电机已推到甲板后部，在大家共同努力下，只用 20 分钟时间，就顺利完成了两台发电机及附件的吊运。这举足轻重的一仗，打得很漂亮。

1 月 16 日，“超皇蜂”直升机在“向阳红加”号吊运物资，从早上 4 点半起床，一直干到下午 2 点，共飞行 22 架次，吊运了 22 吨物资。像这样超强度的吊挂飞行，在国内也未曾经历过。

中国南极长城站的两台发电机

1985 年 1 月 16 日开始发电

在南极飞行中，险情最大的是 1 月 11 日那天的超条件飞行。这一天，建站突击队员在乔治岛上整整干了一天，下午 4~5点钟，天气突变，风雨交加，最大风速达每秒 22 米。小艇无法下海。按国内规定，风速在每秒 12 米以内才能放飞。为此，机组人员考虑了各种情况，在作好充分准备的基础上断然升空，分批把 40 名突击队员接回“J121”船，开创了在南极恶劣气候条件下强行起飞的先例。为此 179 机组荣立集体一等功。

直升机的使用，使得南极长城站的工作进展大大加快，同时在南极洲的上空，也终于留下了中国飞机的航迹。1985 年 2 月 20 日，中国第一个南极科学考察实验基地中国南极长城站建成，标志着我国极地考察事业已发展到新阶段。同年 3 月 20 日，中国南极长城气象站被世界气象组织纳入全球气象台网站，并被正式授予国际台代号。

中国南极长城站举行落成典礼

南大洋首次考察

1985 年 1 月 19 日 18 点 80 分（北京时间 20 日晨 6 点 80 分），“向阳红 10”号船准时离开乔治岛民防湾水面。驾驶台上的高频电话中，传来了中国南极长城站站长郭琨的声音：“我们 54 名南极洲考察队队员，站在海岸上欢送你们，祝你们南大洋考察取得丰硕成果！”

“向阳红 10”号船劈波斩浪，往确定的第一个南大洋考察站驶去。为“长城站”运送物资器材的南大洋考察队员们，忘却劳累，怀着挺进南极圈，拿下 84 个站位，在综合海洋环境考察和极地研究上获得成效的壮志，战斗在实验室中，忙碌在甲板上。

当天 22 点 80 分，位于南纬 62°08′，西经 56°48′的第一个考察站到了。由极地刮来的 9 级狂风，使船在小山似的涌浪中摇晃 20 度，船室中没有加固的瓶瓶罐罐，倾倒在地板上，发出破碎的撞击声。

队员们在颠簸的风浪中工作。天津海洋技术研究所专为南大洋考察研制的“919 温盐深度自动记录仪”，艰难地投进了大海，潜到 1050 米的海底，记录到了温度、盐度、深度的数据。采集浮游生物的标准大网、小网也送进了波浪。突然，一个巨大的涌浪向船扑来，顿时甲板上浪花飞溅，冰凉的海水洒了船员一身，船上两根铁链也被打断。表层采泥器在涌浪中施放两次，均未成功，分层浮游生物采样网在风浪中也放不下去。经过了一夜的战斗，迎来了黎明，南大洋考察队员们在风浪中工作了 8 个多小时，成功地获得了第一个考察站的第一手资料。

挺进南极圈

挺进南极圈是一项艰巨的任务。南极海域，尤其是极圈，那里的浮冰和冰山是很大的威胁。船上雷达只能有效地发现大冰山，但对一般高出水面 1 米左右的冰山却无能为力。这种冰山，水下部位无比坚硬，重达几百吨，很容易损坏船体。

“向阳红 10”号在狂风恶浪中曲折地 S 型地向南挺进。船在涌浪中摇晃、颤抖，上下颠簸 10 多米，并发出吱吱嘎嘎的声响。涌浪一个接着一个，掀起

8.6 米高的波峰，排山倒海地向船冲击，发出“嘭”的巨响，船体立即向右倾斜 30 度，继而又向左倾 80 度。船上的队员惊心动魄。

1985 年 1 月 24 日晚，“向阳红 10”号船最终闯进了南纬 66°33′，西经 69°15′50″。凌晨 1 点 45 分，“向阳红 10”号到达南纬 66°54′，西经 69°14′的第二个考察站位置。近百名队员在风浪大，气候恶劣的条件下，连夜开始了紧张的极圈作业。

“向阳红 10”号船进入极圈后，不规则的巨涌和三角大浪不时向船体猛烈冲来。万吨巨轮犹如一片树叶，在浪尖深谷中挣扎着，150 多米长的船体在“格格”地颤抖。南大洋考察队员，身系安全带，在暴风中取样，在波涛中施放底栖拖网。科研人员像战场上英勇的战士，冲锋陷阵。他们在极圈内采集到的肉红色的海鳃，又名海笔，是腔肠动物，形状如一支毛笔，有杆有头，长 51 厘米。笔头散开，像一朵朵的散开的花。还有海参、水螅虫和各种各样多毛类环节动物。据初步观察，极圈内的海洋动物，在动物种类组成上，与极圈外的动物有差异，与南美洲最南端的火地岛的海洋动物差异更大。这些标本可供我们划分海洋动物自然单元的依据。

“向阳红 10”号战胜极圈的风暴和恶浪，到达南纬 66°64′，西经 69°14′的考察站位，胜利完成极圈的科学考察，于 25 日上午 9 时 26 分 80 秒，调转航向，准备驶出极圈继续进行考察。

知识点

极地大风与科考

极地的风非常大，尤其是南极。由于南极处于极地，远离太阳直射点，常年有太阳辐射量少，所以形成冷高压。但是，在南纬 60 度附近有一个副极地低压带，空气由高压流向低压，所以形成大风。又由于南极是一块高原大陆，地势平坦开阔，下垫面性质单一，所以空气受到的摩擦力小，风力特别强劲。强劲的大风对人们在南极的科考工作来说是一种严峻的考验。不少探险家和科考工作者还因为南极的大风而失去了宝贵的生命。

国际探险队徒步横穿南极

1986 年 4 月，法国探险家路易·艾蒂安在单人徒步前往北极的途中，迎面正好遇见徒步到北极返回的美国人威尔·斯迪戈。他们谈话十分投机。他们在谈话中，竟然产生了一个大胆的设想——徒步横穿南极。

1986 年 11 月，在美国纽约，他们两人再次聚在了一起，把他们原定的设想进一步具体化，初步商定了一个别出心裁的探险方案：美国、苏联、中国、法国、日本、英国等国各派遣一名队员，共同参加 1989 年的徒步横穿南极的行动。其横穿路线为南极半岛—文森峰—南极点的阿蒙森—斯科特站—东南极高原—苏联的东方站，终点为苏联的和平站。

1989 年 7 月 25 日，六国横穿队按计划来到乔治岛。这六位来自不同国家的探险队员是：美国的斯迪戈，法国的艾蒂安、苏联的维克多·波亚尔斯基、中国的秦大河、日本的舟津桂三，英国的杰弗·萨默尔。斯迪戈担任队长。同他们一起参加探险的，还有 41 条在英雄时代大显身手的爱斯基摩狗，它们将是这次徒步探险的得力助手。当天，队员们下榻在中国的“长城站”。

7 月 28 日，徒步横穿队从南极半岛拉尔森冰架北端的海豹冰原驾着雪橇正式踏上征程。从此，揭开了南极探险史的新的一页，开始了人类有史以来第一次由西向东横穿南极大陆的壮举，而以往的南极横穿活动是由南到北，相对距离要短，并且使用的是电动雪橇。

但是，探险队们的出师并不顺利。他们计划每天走 10 小时，每小时 5 千米，但由于队员们暂时不适应滑雪板，所以行进速度非常缓慢。尤其是秦大河，别说滑雪，甚至连滑雪板都没见过，每天只好徒步跟着雪橇小跑，再加上他视力不好，戴了副近视镜，却时常被冰裂绊跤。所以他们头 6 天才走了 100 千米。

到了 8 月 4 日，他们遭到了暴风雪的袭击，他们为此不得不休息了 2 天。风雪过后，他们继续前进。但好景不长，只走了一天，狗拉着雪橇在下一个冰坡时，速度失控而把两架雪橇翻倒，其中一架主梁断裂，他们又耽误了一天的行期。

这时，秦大河已经学会了滑雪，虽然还不是太熟练，但毕竟跟得上队伍了，所以行进速度明显加快。到8月11日，他们前进了24千米，13日则达28千米，而在这之前的12日，他们跨过了南极圈。到了这里之后，环境更加险恶，沿途都是难以预测的冰融洞。它们表面看不出来，与冰原无异，其实仅是一层薄冰覆住下面的空洞。这些洞有的深达四五十米。因此他们用绳把人串在一起，小心翼翼地前进。8月25日，3条拉雪橇的狗掉进了冰洞，在半空中大吠大叫。人们赶去把其中两条拖了上来，而另一条则在挣扎中套绳脱落，掉到十几米深的洞底，依旧狂吠不已。艾蒂安靠绳索下去，把它拖了上来。

到达南极点

8月26日，他们到了预定的物资补给点，但他们寻了一整天，也没发现任何标志。最后他们确认，补给点已被暴风雪埋在3米深雪下，根本无法取到，于是继续前进。

过了融冰洞区，他们就沿斜坡向海拔5000米的梅依豪森冰川挺进。8月29日，没有风，雾却很重，能见度极差。几天里他们只走了没多少路。到9月1日，他们被暴风雪再度困住了。待4日天气稍好，就加速前进，到了9月5日，他们登上了梅依豪森冰川的顶部。到此时他们随带的食品已经匮乏了，就冒着又开始刮起的风雪寻找补给点，但是这个补给点依旧浑然无迹，看来又是被大雪“吞”掉了。幸好无线电联络还算通畅，6个小时后他们呼来了一架水牛式飞机，运来了救急的给养。

从梅依豪森冰川顶往后的路，地势平坦，坚冰结实，颇适于雪橇滑行。但暴风雪却接连不断。他们从9月6日起一直躲在帐篷里，直到9月12日天才放晴。在这段时间里最幸运的是日本的舟津桂三，他在听无线电时，居然听到他未婚妻遥祝他平安的声音，于是他近于疯狂地大喊大叫了一阵。13日，大雾复起，他们走着走着突然发现失去了联系。走在最前头的秦大河和英国人萨默尔感到情况有异，立刻停了下来。他们取出绳子，拴住秦大河的腰，让他尽绳长所及，以站立不动的萨默尔为圆心，作环行圆周运动。待到秦大河终于在茫茫白雾中撞上了前苏联人波亚尔斯基时，才算松了一口气。接着他们像登山队员一样摸着绳子向前走。到 14 日，他们到了新的补给点，非常幸运的是，这回它标志醒目。

9 月 16 日，他们很顺利，也许是掉以轻心了。两架雪橇突然带着 4 个人沿陡坡以飞行速度下滑，瞬间便掉入 300 米深的谷底。只有秦大河和萨默尔的雪橇见状不妙，立刻悬崖勒狗。好在谷底积雪松软，人和狗都安然无恙。以往的几次教训使他们想出了个新法，用绳子把 3 架雪橇联在一起，这样既可防止掉队，又可免于滑落。不过狗却不听话，它们一齐扑上去把串联的绳子咬成几截，他们只好作罢。

9 月 24 日，是他们徒步行走的第 60 天，至此，他们已超过了 900 千米的行程。天气时好时坏，他们不停地往前走。到了 10 月 31 日，他们来到了文森峰脚下，这时他们已经前进了 1500 千米。

六国横穿南极大陆探险队合影

11 月 7 日是横穿队的吉祥日，这天阳光少见的明媚。昨天他们创造了日行 47 千米的最高纪录，今日他们又走了 47 千米到了帕特里特山大本营。该大本营有几间装供暖设备的房子，装备了大型无线电通讯设施。秦大河这时才与他妻子第一次通了话，当听到她总是那么温柔的乡音时，他不禁落下了泪。

帕特里特山大本营是他们奔赴南极点的唯一的休整点。他们在这里休息了 3 天，洗澡，拼命地吃喝和睡觉。10 日上午 9 时，他们再度出发。以往的历程已经锻炼了他们，他们不再忧心忡忡，而是信心百倍。他们每天的行进速度很可观，不少于 32 千米。21 日，他们开始进入斯尔山脉，地势骤然升高。到中午，他们的右侧发出一声巨响，一座约 50 米高的冰川崩裂，无数冰块飞泻而下。他们连忙驱狗向左侧的山坡猛逃。25 日，他们到了最后一个补给点。但由于周围冰崩不断，他们没有休息，只是往雪橇上装了些食品，就继续前行。27 日，他们到了南极高原的脚下，在这儿，海拔从 900 米直升到

3000 米。他们找了一个没有危险的地方安下帐篷，睡了 2 天，在养精蓄锐后开始向上攀登。

12 月 12 日凌晨 3 时，六国横穿南极大陆探险队终于到达了南极点。这是继阿蒙森后人类又一次以狗拉雪橇的方式来到这里。

他们在南极点迎来了阿蒙森首次到达极点的 78 周年纪念日。横穿队队长斯迪戈对着记者抱起了他的两条狗：萨姆和亚格。它们是世界上唯一两条既到过北极点又到过南极点的狗。后来，当记者问到他的横穿队员在充满艰险的途中想到的是什么时，他说："和平、爱、雨和家庭。"

胜利到达

15 日下午，横穿队开路踏上征途的第二阶段。也许他们还留恋阿蒙森—斯科特站的舒适生活，所以行动缓慢，只走了 5 千米。从 16 日起，才恢复了正常，这天走了 38 千米。他们现在行进在不可接近区。所谓不可接近区是因为该区域离海的距离同样远，不是前往南极点的捷径，所以迄今为止还没有人徒步涉足过。但不久他们发现，路并不比以前的难走，相反它反而平坦得多。最大的困难是严寒。虽值南极的盛夏，但气温依旧一直在 -26℃。这个严寒耗费了他们极大的能量，以致人均体重下降了 4.5 千克。

东方站

12 月 26 日，他们度过了一个简单的圣诞节，然后向着下一个目标——苏联"东方站"前进。虽然路面状况开始转坏，还有许多冰沟，但他们的速度还是保持在日行 40 千米左右。1990 年元旦，他们也没因为是节日而停止走路。1 月 8 日，他们感到疲惫不堪，决定休息一天，"大力神"飞机及时给他们运来了补给品。到目前为止，横穿队已离开南极点 850 千米，距"东方站"还有 330 千米。

他们现在一步步地接近“东方站”了。可是任凭他们怎样焦急，无线电通讯怎么也与“东方站”联系不上。他们甚至由美国方面电告莫斯科，希望得到“东方站”的准确地理坐标，但依旧毫无结果。苏联队员波亚尔斯基的情绪激动，他一马当先，走在最前面替其他队员和狗引路开道。

气温开始降低了，现在已达-31℃了。据“东方站”的资料记录，该地区曾到达过-129℃。他们必须及早行动。17日，他们只走了30千米。照他们掌握的情况看，“东方站”就在他们四周的8千米范围内，但如果没有得到“东方站”的信号，他们就会和它失之交臂。于是他们又急切向后方发报，横穿队的法国总部得知此消息后，立刻与列宁格勒的苏联极地研究所联系。极地研究所马上电传给“东方站”，这样困难就迎刃而解，横穿队按计划于18日到达“东方站”。该站有40名苏联科学家，大都是波亚尔斯基的同事和朋友，他们热情好客，特地为横穿队组织了一次小型晚会。

22日，横穿队离开“东方站”，踏上最后的约1380千米的路程。途中积雪很厚，气温也继续下降，好在前天有一辆极地拖拉机从“东方站”去“和平站”拉给养，把路面压得平整结实，恰好给他们开了路，所以他们的行进速度惊人，在23日，居然创造了日行55千米的纪录。2月4日，他们到了“青年站”，它也是苏联的考察站，但由于隆冬逼近，里面的人员都撤走了，只给他们留下了补给品。他们休息了1天，接着开始了最后的冲刺……

3月1日，他们遇到了罕见的暴风雪，于是赶紧扎起帐篷躲避。此时他们离最后的终点“和平站”只有20千米的路程。暴风雪到第二天仍未停息。下午，舟津桂三走出帐篷去给狗喂食，但过了2个小时还未见回来。大家感到事情有些蹊跷，就用绳子彼此串联起来，外出呼喊搜寻，直到天黑，也没见到舟津桂三的踪影。他们这晚几乎没有睡觉，一大早就又出去寻找。这时天已经放晴，四周的视野开阔。他们看到200米外有一个雪堆，就提心吊胆地走去，突然那雪堆里钻出一个人来，大喊：“我还活着，我还活着！”

原来，舟津桂三在14个小时前迷失了方向，就挖了个雪洞钻了进去……大家都朝他奔去，哭着，笑着，喊着，把他抬了回去。接着他们飞快地打点行装，马不停蹄地往“和平站”冲去。3月3日20时左右，他们终于走完了地球上最难走的6300千米的路程，到达终点——苏联的“和平站”。波亚尔斯基跑在最前头，紧跟在他后面的是斯迪戈，再后依次是萨默尔、艾蒂安、舟津桂三和秦大河。当斯迪戈和艾蒂安一走过苏联科学家用布条做的终点线时，便紧紧拥抱在一起，再也按捺不住内心的激动，失声大哭——1986 年的梦终于实现！

此时的秦大河也热泪盈眶，说实在话，他参加横穿队之时，根本没打算活着回去。现在他活下来了，自始至终代表着中华民族参与并完成了这次史无前例，世界瞩目的伟大壮举。而他自己也成了中国第一个徒步登上南极点的人、第一个由西向东横越南极大陆的人。

中国的南极科考站

中国第一个科考站——长城站

中国南极长城站建立于 1984 年 12 月 31 日，1985 年 2 月 20 日建成，是中国在南极建立的第一个科学考察站。该站位于南极洲西南，乔治王岛南部，即南纬 62°12′、西经 58°57′。

乔治王岛，是南设得兰群岛中最大的一个岛屿，全岛 85% 的面积为冰雪覆盖，所处位置为南极洲的低纬地区，四周环海，具有南极洲海洋性气候特点，被称为南极洲的“热带”，年平均气温 -2.8℃，最中国南极长城站暖月 1 月平均气温约 1.5℃，绝对最高气温可达 13℃；最冷月 8 月平均气温 -7.8℃，绝对最低气温 -28.5℃。年降水量为 550 毫米，年平均风速 7.2 米/秒，全年风速超过 10 米/秒的大风天数为 205 天。处在南极半岛与南美大陆间的多气旋地带，天气变化剧烈，加之这里天气较暖和，降水较多，冰雪的年积累量和消融量都较大，冰流速度较快，冰川进退所反映的气候变化更为明显。乔治王岛位于南极洲板块、南美洲板块和太平洋板块的交会地带，现代火山和地震活动频繁，成为研究地壳构造、岩浆活动、地震成因、大气环流的变化和气候演进规律的良好场所。

中国南极长城站站区南北长 2 千米，东西宽 1.26 千米，占地面积 2.52 平方千米，平均海拔高度 10 米。在中国南极长城站附近有一个很大的滩涂，地衣、苔藓、藻类植物生长茂盛，并且生长着南极洲仅有的4种显花植物，沿海地带是企鹅、海鸟和海豹的栖息场所和繁殖地，被称为南极洲的绿洲，是研究南极洲生态系统及生物资源的理想之地。

长城站

长城站周围分布有智利、阿根廷、俄罗斯、波兰、巴西、乌拉圭等国家的科学考察站，其中距智利的马尔什基地仅2.7千米。长城站自建站以来，经过多次扩建，现已初具规模，有各种建筑25座，建筑总面积达4200平方米。其中包括办公栋、宿舍栋、医务文体栋、气象栋、通讯栋和科研栋等7座主体房屋，还有若干栋科学用房，如固体潮观测室、地震观测室、地磁绝对值观测室、高空大气物理观测室、卫星多普勒观测室、地磁探测室等，以及其他用房，如车库、工具库、木工间，冷藏室和蔬菜库等。从1986年9月起，南极长城站气象站已作为南极地区32个基本站之一正式加入国际气象监视网。2009年1月1日南极长城卫星网络通讯系统建成使用。

冰穹A的科考站——昆仑站

中国南极昆仑站是中国首个南极内陆考察站。其位置为南纬80°25′、东经77°06′，海拔4087米，位于南极内陆冰盖最高点冰穹A西南方向约7.3千米。这也是中国继在南极建立长城站、中山站以来，建立的第三个南极考察站。昆仑站于2009年1月27日胜利建成，成为世界第六座南极内陆站。

昆仑站的建成，对南极科考有着重大的意义。

从科学考察角度看，南极有4个最有地理价值的点，即极点、冰点（即南极气温最低点）、磁点和高点。此前，美国在极点建立了阿蒙森斯科特站，俄罗斯人的东方站位于冰点之上，磁点则是法国与意大利联合建造的迪蒙迪

昆仑站

维尔站，只有冰盖高点冰穹 A 尚未建立科考站。

冰穹 A 地区所具有的特殊地理和自然条件，使其成为一系列科学研究的理想之地。冰穹 A 地区是国际公认最合适的深冰芯钻取地点。同时，冰穹 A 地区可以监测和检测到全球平均本底大气环境，得到可用于改进全球大气环流模式的有关参数。此外，冰穹 A 位于臭氧层空洞中心位置，是探测臭氧层空洞变化的最佳区域。

冰穹 A 地区也是进行天文观测的最佳场所。冰穹 A 具备地球上最好的大气透明度和大气视宁度（天文望远镜显示图像的清晰度），有 3 ~4 个月的连续观测机会和风速较低等条件，被国际天文界公认为地球上最好的天文台址。

冰穹 A 地区还是南极地质研究最具挑战意义的地方。东南极冰下基岩最高点的“甘伯采夫”冰下山脉，是形成冰穹 A 的直接地貌原因，由于其海拔高度近 4000 米，是国际公认的南极内陆冰盖中直接获取地质样品的最有利和最有意义的地点。

2005 年 1 月 18 日，中国第 21 次南极考察队从陆路实现了人类首次登顶冰穹 A。同年 11 月，中国又首次对中山站与冰穹 A 之间的格罗夫山地区进行为期 130 天的科学考察活动。由于率先完成冰穹 A 和格罗夫山区的考察，中国最终赢得了国际南极事务委员会的同意，在冰穹 A 建立考察站。

另外，中国筹建内陆科考站时，充分考虑了环境因素的影响，对科考站的建设和运行进行了全面的环境影响分析评估，并制定了相关的环保措施和应急预案，确保在发挥科考站科学平台价值和满足队员工作生活需求的同时，尽可能减少内陆站建设对环境的影响。

昆仑站主体建筑面积约 230 平方米，包括宿舍、医务室、科学观测场所、厨房、浴室、厕所、污水处理场所、发电机房、锅炉房、制氧机房和库房等。

其主体建筑主要采用模块化或集装箱式建筑构件组装而成，这样就大大减少现场的安装工作量。同时考虑昆仑站周围方圆上千千米都是无人区，景观极其单调，给人一种与世隔绝的感觉，这对人的心理是一种严峻挑战，因此在房屋设计上，科考站的室内设计与家具的选用多采用温暖、艳丽的色彩，尽可能弥补环境对人心理造成的影响。

在保证公共空间的同时，设计师也给每个驻站人员留出了基本的私密空间。昆仑站共有 10 间宿舍，每间约 5 平方米，只住 2 人，基本可以保证队员之间互不干扰。此外，昆仑站主体建筑内设置有供氧终端。科考队员通过它可以补充氧气，缓解缺氧造成的不适。

中山站

中国南极中山站建成于 1989 年 1 月 26 日，位于东南极大陆伊丽莎白公主地拉斯曼丘陵的维斯托登半岛上，其地理坐标为南纬 69°22′、东经 76°22′。

中山站所在的拉斯曼丘陵，地处南极圈之内，位于普里兹湾东南沿岸，西南距艾默里冰架和查尔斯王子山脉几百千米，是进行南极海洋和大陆科学考察的理想区域。离中山站不远处有澳大利亚的劳基地和俄罗斯的进步站。

中山站

中山站位于南极大陆沿海，气象要素的变化与长城站差别较大，比长城站寒冷干燥，更具备南极极地气候特点。中山站年平均气温 -10℃左右，极端最低温度达 -36.4℃；中山站地区受来自大陆冰盖的下降风影响，常吹东南偏东风，8 级以上大风天数达 174 天，极大风速为 43.6 米/秒；降水天数 162 天，年平均湿度 54%，全年晴天的天数要比长城站多得多。中山站有极昼和极夜现象，连续白昼时间 54 天，连续黑夜时间 58 天。

中山站建站以来，经过多次扩建，现有各种建筑15座，建筑面积2700平方米，其中包括办公栋、宿舍栋、气象栋、科研栋和文体娱乐栋，以及发电栋、车库等。该站上生活齐备，可以满足考察队员的工作和生活需要。宿舍内配备有多功能软床、沙发、写字台、衣柜等，室内温度适宜，常年可保持在16℃～20℃。站上的全自动冷热水供水系统，可以满足各用水点全年不间断的冷热水供给。站上拥有各种车辆10多辆，可以满足交通运输、施工和科学考察的需要。电站可以保证站区生活、工作和科研等的连续用电。站上的医务室，配备有无影灯、多功能手术台等医疗器械，可进行一般性的外科小手术。通讯室安装有2套1.6千瓦的单边带发射机和全波段收讯机，以及海事卫星终端设备。

中山站设有实验室，配备有相应的分析仪器设备，可供科学考察人员对现场资料和样品进行初步分析研究。站上的气象观测场、固体潮观测室、地震地磁绝对值观测室、高空大气物理观测室等均配备有相应的科学观测设备和仪器。中国南极考察队员在中山站全年进行的常规观测项目有气象、电离层、高层大气物理、地磁和地震等。